KB090582

FOOD SERVICE
IN INSTITUTIONS

변화하는 식문화 트렌드에 맞는 메뉴 구성

단체급식 실무

임재창·한혜영·황은경·박동연 공저

(주)백산출판사

머리말

식생활문화는 여러 민족이 오랜 세월을 살면서 그 나라의 기후와 지리적 환경에 따라 형성되었으며, 자연환경과 정치, 경제, 종교와 같은 사회환경 및 정신문화적 요소도 함께 담겨 있다. 19세기 말엽에 다른 나라의 식품, 요리법, 식생활 관습이 전해지면서 우리나라의 식생활에 많은 영향을 주었다. 현대에는 빠른 경제성장과 산업의 급격한 발달 및 변화로 사회생활의 국제화, 과학화, 전문화와 더불어 전반적인 경제성장을 이루었고, 그에 따른 생활수준의 향상으로 외식이 점차 증가되고 있다. 반세기 동안 우리의 전통 식생활은 서구화되었고, 외식산업과 가공식품 등의 발전으로 가정의 식생활이 간편한 추세로 바뀌었다.

이것은 균형 잡힌 영양보다는 간편성, 신속성, 맛에 초점을 맞춘 것으로 오랜 기간 섭취할 경우 영양불량 및 성인병 유발의 요인이 된다. 육류 소비가 증가함에 따라 급식에서 건강한 식습관을 정립할 수 있도록 균형 잡힌 식단의 제공과 영양 · 식생활 교육을 통한 인식 개선이 필요한 시점에 단체급식, 대량조리에 대한 관심이 높아짐에 따라 레시피 개발 시 경제 · 사회 · 환경적 측면과 급식관리 환경, 만족도 요인, 균형 잡힌 영양소 섭취, 최근 식생활 트렌드 반영 등을 고려하여 현대 식생활 체계의 문제점을 개선하기 위해 영양 중심의 식생활에서 탈피하여 맛 위주의 메뉴와 로컬푸드, 비건푸드 메뉴 등 사회 · 환경과 농 · 식품 산업을 고려한 사회생태계적 관점에서의 일품요리 및 단품요리, 디저트에 중점을 두었다. 또한 신세대 급식자와 변화하는 식문화 트렌드에 맞는 메뉴를 구성하였으며, 맞벌이 부부로 인한 식문화의 변화로 가정식뿐 아니라 외식문화도 간편식으로 변화하는 과정에 있으므로 단체급식에 대한 인식을 식판메뉴라는 고정관념에서 탈피하고자 노력하였다.

마지막으로 조리문화 발전을 위해 늘 열정으로 지원해 주시는 백산출판사 진욱상 대표님, 이경희 부장님, 편집부 직원분들께 머리 숙여 깊은 감사의 마음을 전한다.

저자 일동

CONTENTS

01 단체급식 개론

❶ 단체급식 개론 12

1. 단체급식의 정의 · 12
2. 단체급식의 목적 · 13

❷ 급식제도 14

1. 전통적 급식시스템 · 14
2. 중앙공급식 급식시스템 · 15
3. 조리저장식 급식시스템 · 15
4. 조합식 급식시스템 · 16

02 단체급식의 위생관리

❶ 단체급식 위생관리의 중요성 18

1. HACCP · 19
2. 미생물 · 44
3. 식중독 · 48

03 단체급식의 조리기기

❶ 반입, 검수 기기 68

❷ 전처리기기 69

1. 세미기 • 70
2. 채소절단기 • 70
3. 파절기 • 71
4. 감자탈피기 • 71
5. 다짐기 • 72
6. 골절기 • 72
7. 육절기 • 74
8. 연육기 • 75
9. 반죽류 가공작업 • 75
10. 작업대 • 77

❸ 가열조리기 78

1. 취반기 • 78
2. 밥보온고 • 78
3. 가스테이블 • 79
4. 회전식 국솥 • 79
5. 튀김기 • 80
6. 부침기 • 81
7. 오븐 • 82

❹ 저장, 보관 기기 83

1. 저장관리 • 83
2. 저장시설 • 85
3. 저장시설의 종류 • 86
4. 저장방법 • 89

❺ 쿨링기기 90

❻ 배선기기 : 배식대 90

❼ 세정기기 : 식기세척기 91

❽ 소독기기 92

04 실습메뉴

일품요리

스테이크파스타 · 94
불고기파스타/토마토소스 · 96
소고기파스타/갈릭소스 · 98

일품밥류

소고기오믈렛 · 100
깐풍버섯덮밥 · 102
닭순살덮밥 · 104
더덕제육덮밥 · 106
비빔탕수육 · 108
삼겹살마요덮밥 · 110
커리소고기덮밥 · 112
김치참치스크램블볶음밥 · 114
제육깍두기볶음밥 · 116
무순제육비빔밥 · 118
제육채소비빔밥 · 120

국류

소고기알배기배춧국 · 122
닭알배기배춧국 · 124
팽이버섯시금치된장국 · 126
감자채달걀국 · 128

찌개류

소고기양파찌개 · 130
물만두애호박찌개 · 132
만가닥버섯찌개 · 134
닭김치찌개 · 136

생채·무침류

콜라비생채 · 138
고구마생채 · 140
무말랭이파김치 · 142
무말랭이진미채무침 · 144
돗나물물김치 · 146
온달래무침 · 148
취나물우렁무침 · 150
참나물사과무침 · 152
세발나물무침 · 154
돗나물파프리카무침 · 156
부추참치매운무침 · 158
봉어묵매운채소무침 · 160

나물류

닭순살애호박나물 · 162
세발나물숙채 · 164
방풍나물 · 166
참두릅나물 · 168

볶음류

오리매운볶음 · 170
가지돈육볶음 · 172
새송이굴소스볶음 · 174
감자삼겹살볶음 · 176
무말랭이제육볶음 · 178
양송이버섯소고기볶음 · 180
닭가슴살버섯볶음 · 182
만가닥버섯볶음 · 184

더덕어묵볶음 · 186
느타리버섯어묵볶음 · 188
아스파라거스볶음 · 190
달콤오리불고기 · 192

전류

애호박팽이버섯전 · 194
크래미전 · 196
김치제육전 · 198
파프리카두부참치전 · 200
매콤제육고추전 · 202

튀김류

참두릅튀김 · 204
표고버섯튀김 · 206
더덕튀김 · 208
김치두부튀김 · 210
감자채콘튀김 · 212

구이류

삼겹살바비큐구이(오븐) · 214
더덕구이(오븐) · 216
양송이버섯소고기구이(오븐) · 218
콘맛살달걀구이 · 220

조림류

닭다리조림(오븐) · 222
무청시래기코다리조림 · 224
양송이버섯감자조림 · 226
참치감자조림 · 228
오리순살조림 · 230
달걀곤약조림 · 232
새송이버섯곤약조림 · 234

찜류

달걀명란찜 · 236
달걀순두부찜 · 238
달걀장 · 240

샐러드 · 디저트

방울토마토스크램블 · 242
무순샐러드 · 244
셀러리꽃맛살샐러드 · 246
아스파라거스샐러드 · 248
연근유자샐러드 · 250
더덕샐러드 · 252
단호박채소샐러드 · 254
새싹순두부샐러드 · 256
오이토마토샐러드 · 258
밤샐러드 · 260
셀러리피클 · 262
수박차 · 264
딸기슬러시 · 266

소스류

맛간장소스 · 268
배합초 · 270

부록 · 273

참고문헌 · 292

01

단체급식 개론

01 단체급식 개론

1 단체급식 개론

1. 단체급식의 정의

단체급식은 특정 다수인에게 계속적으로 식사를 공급하는 것이며 일반적으로 급식대상자에 따라 학교, 산업체, 병원, 사회복지시설 등의 급식으로 분류한다. 국민의 영양 개선 및 건강 증진에 기여하고 자원을 효율적으로 관리하여 경제적으로 성과를 올릴 수 있어야 한다.

급식산업이란 가정 외에서 조리 가공된 음식을 만들어 상품화하여 제공하는 식생활 전체를 의미하며 가정 외의 장소에서 상업적 또는 비상업적 목적으로 고객에게 식사와 이를 위한 서비스를 제공하는 업종이라 정의된다. 이윤이 있는지의 여부에 따라 상업성 단체급식과 비상업성 단체급식으로 나눌 수 있다.

비상업성 단체급식

비상업성 단체급식에는 보육시설영유아식 및 유치원급식, 학교급식, 기숙사급식, 병원급식, 산업체급식, 공장급식, 아동노인사회복

지시설 급식, 운동선수 합숙소급식, 군대급식, 교정시설 급식 등이 있다.

「식품위생법」 제2조제12항에는 집단급식소에 대해 "영리를 목적으로 하지 아니하면서 특정 다수인에게 계속하여 음식물을 공급하는 기숙사, 학교, 병원, 사회복지시설, 사업체, 국가지방 자치단체 및 공공기관, 그 밖의 후생 기관 등의 급식시설로서 대통령령이 정하는 시설을 말한다"라고 정의한다. 그리고 급식의 범위는 "1회 50명 이상에게 식사를 제공하는 급식소를 말한다."라고 규정한다.

식품위생법에서는 대통령령이 정하는 집단급식소의 운영자는 대통령령이 정한 바에 의해 영양사와 조리사를 채용하도록 정하고 있으나, 1회 급식인원이 100명 미만인 산업체인 경우는 제외하고 있으며, 한 사람이 영양사와 조리사 면허를 다 가지고 있으면 영양사와 조리사를 각각 채용하지 않아도 된다.

상업성 단체급식

상업성 단체급식에는 일반 음식점, 패스트푸드점, 휴게 음식점, 출장 및 도시락업, 항공기 급식(기내식), 호텔 및 숙박시설 식당, 스포츠 시설 및 휴양지 식당, 교통기관 식당, 자동판매기 등이 있다.

2. 단체급식의 목적

영양개선 및 건강증진

영유아 보육시설에서 급식을 먹기 시작하여 유치원, 초등학교, 중학교, 고등학교, 대학교를 다니는 동안 적어도 하루에 한끼는 급식을 하게 되고 직장인이 되면 직장급식을 하며, 남자의 경우는 군대급식을 하게 되고, 상황에 따라 병원급식이나 요양급식을 경험하게 되며 사회복지시설급식을 경험하기도 하는데 이러한 급식은 국민들의 건강에 지대한 영향을 미친다. 특히 성장기의 어린이와 청소년에게는 정신적, 육체적으로 성장이 왕성하고 식습관 형성에 중요한 시기이므로 적절한 영양을 섭취할 수 있도록 영양지도가 이루어져야 한다.

식비 경감

식재료를 대량구매하여 전문조리사가 대량조리하여 서비스를 하므로 가정에서 식재료를 구매하여 조리하는 비용보다 저렴한 가격에 질 좋은 식사를 제공하고 식비부담을 줄일 수 있으며 제철 재료를 사용하여 다양한 메뉴를 골고루 섭취할 수 있다.

사회복지

스스로 식사를 준비할 수 없는 아동 및 노인복지 시설 등에서 식사를 제공함으로써 영양을 충족시키며 사회성을 함양시킨다.

2 급식제도

급식제도란 급식을 위한 세부업무 간의 유기적인 시스템을 말한다. 단체급식은 사회변화 및 경제적 성장과 함께 급식시설 및 기기의 발전으로 급식운영의 변화를 가져왔다. 급식시스템은 특정 상황에 맞게 운영방법이 달라지지만 양질의 음식을 제공하고 합리적인 가격으로 조직이 이익을 얻을 수 있도록 하는 것이 공동의 목적이다.

1. 전통적 급식시스템(Conventional Food service System)

전통적 급식시스템은 초기부터 많은 급식을 실시하는 기관에서 전통적으로 사용해

온 급식형태이다. 음식의 생산, 분배, 서비스가 모두 같은 공간에서 연속적으로 이루어져 준비와 배식 사이의 시간이 짧고 음식을 만들자마자 따뜻하게 또는 차게 유지하기 위하여 온장 및 냉장 보관하고 단시간에 빨리 제공된다.

2. 중앙공급식 급식시스템(Commissary Food service System)

가까운 곳에 있는 여러 급식소를 묶어서 공동조리실에서 대량으로 음식을 생산하여 급식소로 운송하여 약간의 재가열 과정 등을 거친 후 음식의 배선과 배식이 이루어지는 방식이다. 중앙공급식 급식시스템은 비조리학교, 체인 레스토랑, 자동판매기 회사, 기내식의 경우 이 시스템을 이용한다.

이 시스템은 식재료의 대량구입으로 식재료비를 절감하고 음식의 질과 양을 표준화할 수 있으며 관리가 효과적이지만 생산장소와 배식장소가 분리되어 있고 생산 후 배식되기까지 어느 정도의 시간이 소요되므로 음식에 미생물적 문제와 관능적 품질의 수준이 저하될 수 있다. 생산한 음식은 대량으로 운반해야 하기 때문에 적정온도가 유지되는 기구와 운반차량이 필요하며 운반 시 요구되는 날씨, 교통사정 등을 고려하여야 한다.

3. 조리저장식 급식시스템(Ready Prepared Food service System)

음식을 만들어 바로 배식하는 것이 아니라 저장하기 위해 생산하며, 일정기간 동안 냉장, 냉동 저장한 후 배식하고자 할 때 간단한 열처리를 거쳐서 배식되는 시스템이다.

조리과정이 복잡하거나 여러 가지 메뉴를 생산할 수 없는 경우에 이 시스템을 이용하여 음식을 미리 만들어 저장함으로써 다양한 메뉴를 제공할 수 있으며 급식대상자의 만족도를 향상시킬 수 있다. 중앙공급식 급식시스템과 비교하면 운반에 대한 걱정과 기다릴 필요 없이 바로 이용이 가능하다.

우수한 질의 급식을 위해서는 냉장 · 냉동고, 재가열을 위한 대류형 오븐(convection

oven) 등의 조리기기와 돌풍냉각기, 텀블 칠러(tumble chiller)와 같은 냉각설비, 포장기계 등이 필요하다.

4. 조합식 급식시스템(Assembly Food service System)

완전히 조리된 음식을 식품회사로부터 구입하여 음식을 녹이거나 데우는 최소한의 조리만 하는 급식제도로 편이식 급식시스템 또는 최소 조리 콘셉트라고도 한다.

급식소에서 조리작업을 할 필요가 없는 급식시스템이므로 주방시설이 없는 상태에서도 단체급식이 가능하며, 노동비용을 최소한으로 줄이는 데 목적이 있다. 연료비 등의 관리비도 적게 들고 음식의 질과 분량통제가 철저하여 낭비가 거의 없다. 하지만 급식대상자의 영양필요와 식성에 따라 음식이 제공되어야 하는데 일률적으로 만들어진 음식을 제공하게 되므로 병원급식과 같이 특별한 영양요구를 필요로 하는 경우에는 적합하지 않다. 식재료를 가공하거나, 반가공하여 냉동상태 등에서 구입 · 저장하여 급식이 이루어지기 때문에 저장시설이 필요하며 구입단가가 높다.

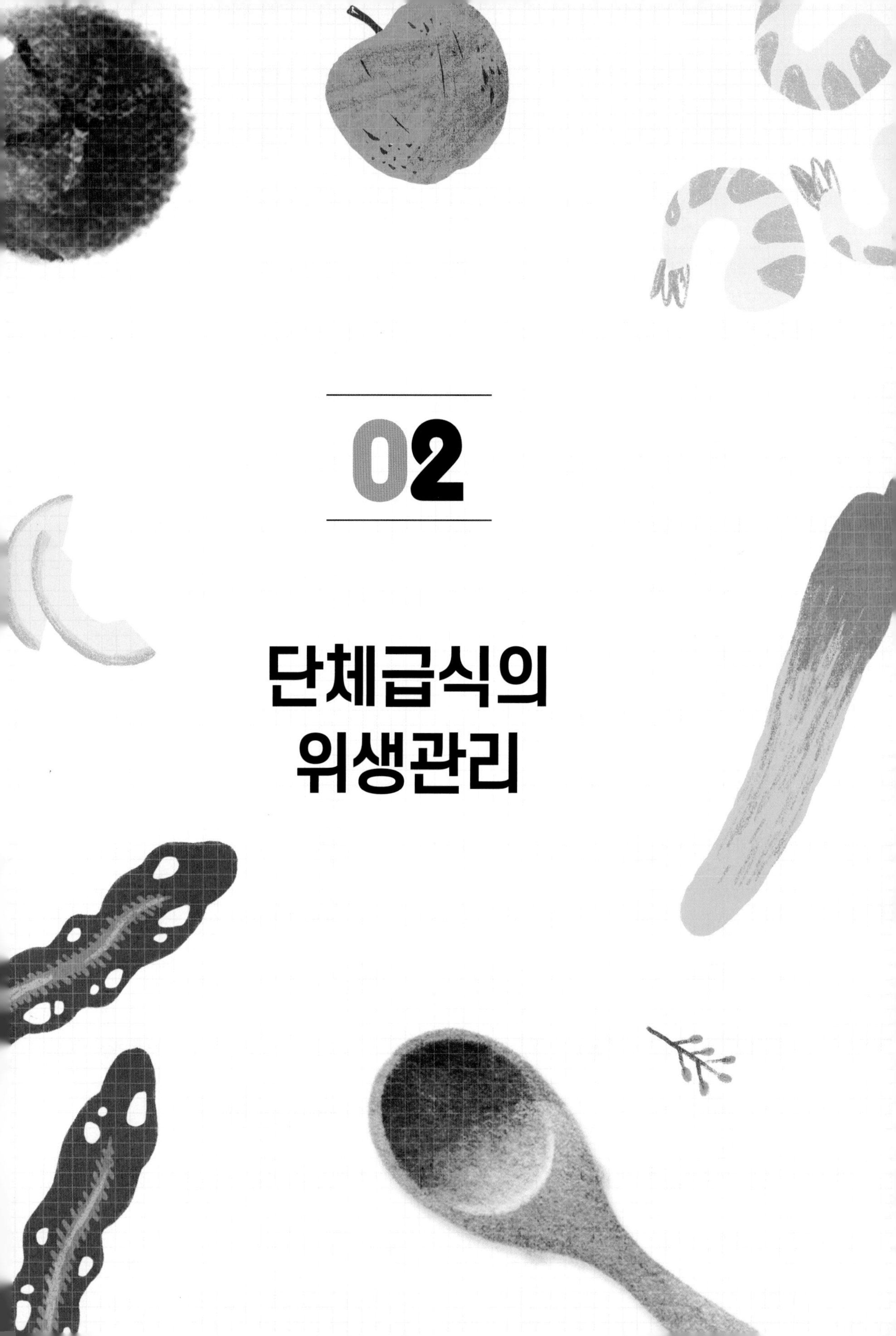

02

단체급식의 위생관리

02 단체급식의 위생관리

1 단체급식 위생관리의 중요성

현대사회가 발전하여 고도로 조직화되고 산업화되어 감에 따라 식생활도 변화되어 외식화 · 서구화되면서 식생활은 급식산업에 의존하는 경향이 늘고 있으며, 외식업소, 단체급식소에서의 식중독 발생 건수 또한 점차 늘고 있는 추세이다. 식중독 발생 시 많은 수의 환자가 발생하게 되어 환자의 건강과 경제적 손실뿐만 아니라 사회적 신용까지 잃게 되어 막대한 손실이 오게 된다.

우리나라 식품위생법의 목적은 "식품으로 인한 위생상의 위해를 방지하고 식품영양의 질적 향상을 도모하며 식품에 관한 올바른 정보를 제공함으로써 국민보건 증진에 이바지하는 것"이다. 「식품위생법」 제2조8항에서는 식품위생을 "식품, 첨가물, 기구 또는 용기, 포장을 대상으로 하는 음식에 관한 위생"이라 정의한다. WHO에서는 "Food hygiene means all measurey for ensuring the safety, wholesomeness, and soundness of food at all stages from its growth, production or manufacture until its final consumption." 즉, "식품위생이란 식품의 재배, 생산, 제조로부터 최종적으로 사람에 섭취되기까지의 모든 단계에 걸친 식품의 안전성, 건전성 및 완전무결성을 확보하기 위한 모든 필요한 수단을 말한다"고 하였다. 이와 같이 식품위생의 범위를 원료의 생산으로부터 최종 소비까지를 대상으로 하였으며 소비자의 입장에서는 완전무결한 식품을 얻을 수 있는

조건을 제시했다는 측면에서 바람직하다. 그러나 정의에서 제시한 식품의 안전성, 건전성 및 완전무결성을 확보할 수 있는 수단은 현실적으로 찾기가 어렵고 완전성을 추구하는 노력 과정으로 이해해야 할 것이다. 식품위생범위를 식품의 재료로 사용하는 농산물, 축산물, 수산물 등의 재배, 수확, 저장, 가공, 수송, 수입, 유통, 판매, 조리, 섭취 등의 모든 단계뿐만 아니라 여기에 관련이 있는 생산자, 가공자, 조리자, 영업자, 판매자, 소비자 등을 포함하여 모든 단계에서 식품이 안전하고 건전해야 함을 강조하였다.

1. HACCP

Hazard Analysis Critical Control Points의 약자로 해썹이라 발음하며 식품안전관리 인증기준으로 통칭하고 있다. HACCP은 위해요소분석(HA)과 중요관리점(CCP)으로 구성되는데 위해요소분석이란 "어떤 위해를 미리 예측하여 그 위해요인을 사전에 파악하는 것"을 의미하며, 중요관리점이란 "반드시 필수적으로 관리하여야 할 항목"이란 뜻을 내포하고 있다.

위해요소분석은 원료와 공정에서 발생가능한 병원성미생물 등 생물학적, 화학적, 물리적 위해요소분석을 말하며, 중요관리점은 위해요소를 예방, 제거 또는 허용수준으로 감소시킬 수 있는 공정이나 단계를 중점관리하는 것을 말한다. 즉 해썹(HACCP)은 위해방지를 위한 사전 예방적 식품안전관리체계를 말한다.

결론적으로 해썹(HACCP)이란 식품의 원재료부터 제조, 가공, 보존, 유통, 조리단계를 거쳐 최종소비자가 섭취하기 전까지의 각 단계에서 발생할 우려가 있는 위해요소를 규명하고, 이를 중점적으로 관리하기 위한 중요관리점을 결정하여 자율적 · 체계적 · 효율적인 관리로 식품의 안전성을 확보하기 위한 과학적인 위생관리체계라고 할 수 있다.

해썹(HACCP)은 전 세계적으로 가장 효과적이고 효율적인 식품안전관리체계로 인정받고 있으며, 미국, 일본, 유럽연합, 국제기구(Codex, WHO, FAO) 등에서도 모든 식품에 해썹의 적용을 적극 권장하고 있다.

1) HACCP의 7원칙 12절차

HACCP 관리는 7원칙 12절차에 의한 체계적인 접근방식을 적용하고 있다. HACCP 12절차란 준비단계 5절차와 본 단계인 HACCP 7원칙을 포함한 총 12단계의 절차로 구성되며, HACCP 관리체계 구축절차를 의미한다.

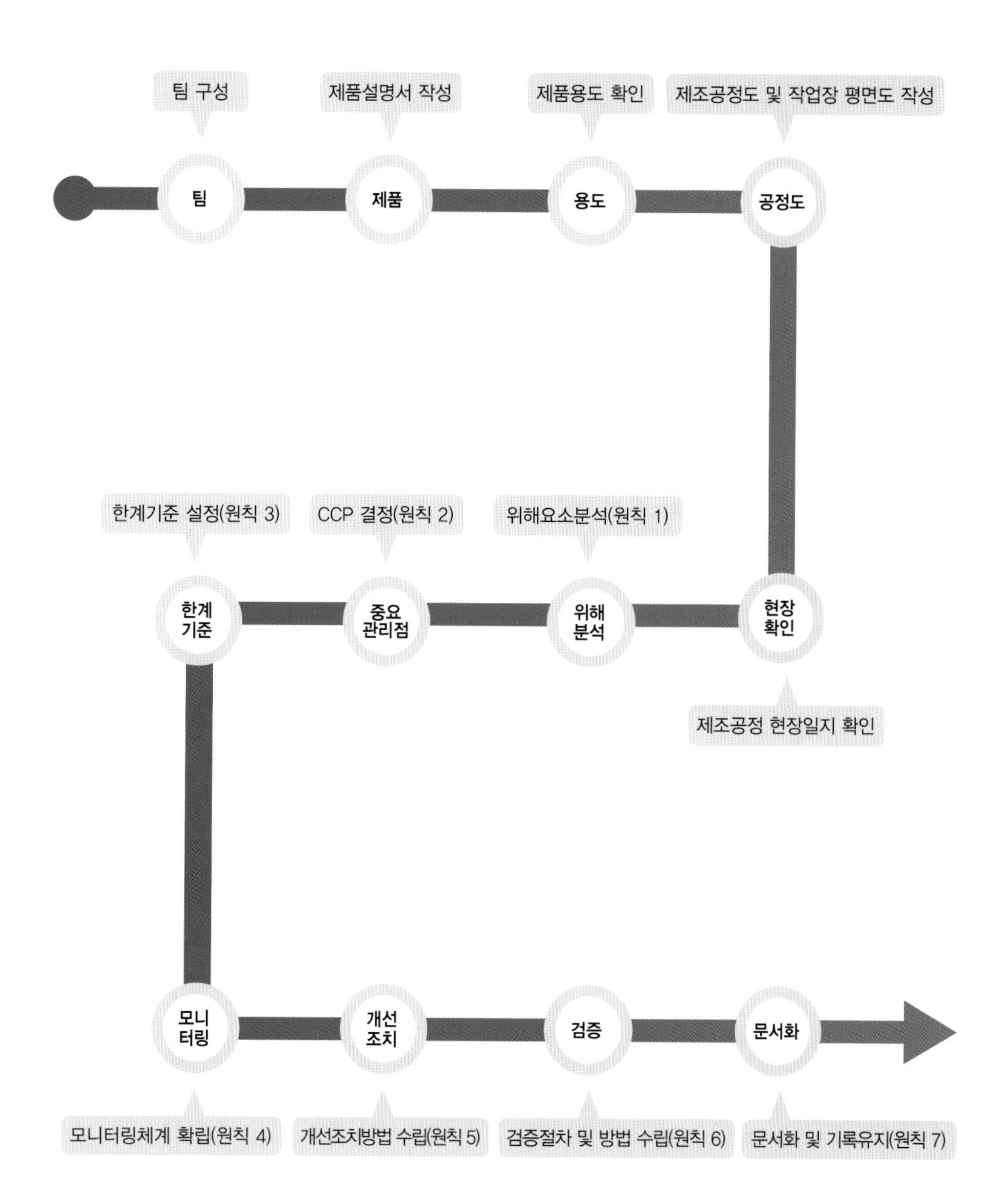

팀 구성
제품설명서 작성
제품용도 확인
제조공정도 및 작업장 평면도 작성
팀
제품
용도
공정도
한계기준 설정(원칙 3)
CCP 결정(원칙 2)
위해요소분석(원칙 1)
한계
기준
중요
관리점
위해
분석
현장
확인
제조공정 현장일지 확인
모니
터링
개선
조치
검증
문서화
모니터링체계 확립(원칙 4)
개선조치방법 수립(원칙 5)
검증절차 및 방법 수립(원칙 6)
문서화 및 기록유지(원칙 7)

HACCP 관리기준

12절차
준비단계
해썹팀 구성
제품설명서 작성
용도 확인
공정흐름도 작성
공정흐름도 현장확인
7원칙
위해요소분석
원칙1
중요관리점(CCP) 결정
원칙2
CCP 한계기준 설정
원칙3
CCP 모니터링체계 확립
원칙4
개선조치방법 수립
원칙5
검증절차 및 방법 수립
원칙6
문서화, 기록유지방법 설정
원칙7

원칙 1

위해요소분석

HACCP 관리계획의 개발을 위한 첫 번째 원칙은 위해요소분석을 수행하는 것이다. 위해요소(Hazard)분석은 HACCP팀이 수행하며, 이는 제품설명서에서 파악된 원 · 부재료별로, 그리고 공정흐름도에서 파악된 공정/단계별로 구분하여 실시한다. 이 과정을 통해 원 · 부재료별 또는 공정/단계별로 발생가능한 모든 위해요소를 파악하여 목록을 작성하고, 각 위해요소의 유입경로와 이들을 제어할 수 있는 수단(예방수단)을 파악하여 기술하며, 이러한 유입경로와 제어수단을 고려하여 위해요소의 발생 가능성과 발생 시 그 결과의 심각성을 감안하여 위해(Risk)를 평가한다. 위해요소분석을 위한 첫 번째 단계는 원료별 · 공정별로 생물학적 · 화학적 · 물리적 위해요소와 발생원인을 모두 파악하여 목록화하는 것이 도움이 된다. 위해요소분석을 수행하기 위한 두 번째 단계는 파악된 잠재적 위해요소(Hazard)에 대한 위해(Risk)를 평가하는 것이다. 파악된 잠재적 위해요소에 대한 위해평가는 위해 평가기준을 이용하여 수행할 수 있다. 위해요소분석을 수행하기 위한 마지막 단계는 파악된 잠재적 위해요소의 발생원인과 각 위해요소를 안전한 수준으로 예방하거나 완전히 제거, 또는 허용가능한 수준까지 감소시킬 수 있는 예방조치방법이 있는지를 확인하여 기재하는 것이다. 이러한 예방조치방법에는 한 가지 이상의 방법이 필요할 수 있으며, 어떤 한 가지 예방조치방법으로 여러 가지 위해요소가 통제될 수도 있다. 예방조치방법은 현재 작업장에서 시행되는 것만을 기재한다.

위해요소분석 절차

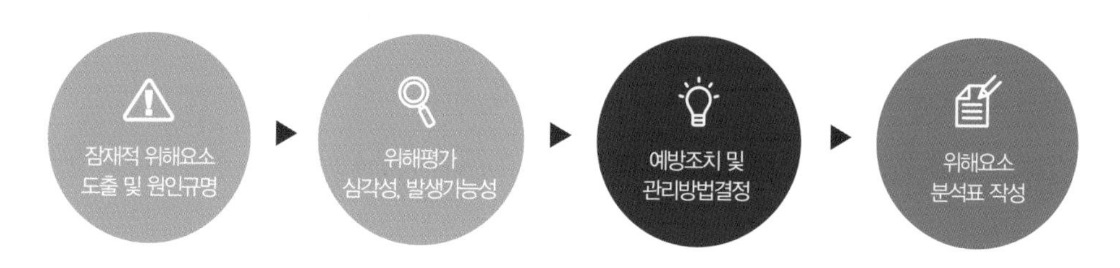

위해요소분석 절차

일련번호	원부자재명/공정명	구분	위해요소		위험도평가			예방조치 및 관리방법
			명칭	발생원인	심각성	발생가능성	종합평가	
1		B						
		C						
		P						

B(Biological Hazards) : 생물학적 위해요소

제품명은 식품제조 · 가공업체의 경우 해당 관청에 보고한 해당 품목의 "품목 제조(변경)보고서"에 명시된 제품명과 일치하여야 한다.

C(Chemical Hazards) : 화학적 위해요소

제품에 내재하면서 인체의 건강을 해할 우려가 있는 중금속, 농약, 항생물질, 항균물질, 사용 기준초과 또는 사용 금지된 식품 첨가물 등 화학적 원인물질

P(Physical Hazards) : 물리적 위해요소

원료와 제품에 내재하면서 인체의 건강을 해할 우려가 있는 인자 중에서 돌조각, 유리조각, 쇳조각, 플라스틱조각 등의 위해요소분석표

원칙 2

중요관리점(CCP) 결정

위해요소분석이 끝나면 해당 제품의 원료나 공정에 존재하는 잠재적인 위해요소를 관리하기 위한 중요관리점을 결정해야 한다. 중요관리점이란 원칙 1에서 파악된 위해요소를 예방, 제거 또는 허용 가능한 수준까지 감소시킬 수 있는 최종 단계 또는 공정을 말한다.

식품의 제조 · 가공 · 조리공정에서 중요관리점이 될 수 있는 사례는 다음과 같으며, 동일한 식품을 생산하는 경우에도 제조 · 설비 등 작업장 환경이 다를 경우에는 서로 상이할 수 있다.

- 미생물 성장을 최소화할 수 있는 냉각공정
- 병원성 미생물을 사멸시키기 위하여 특정 시간 및 온도에서 가열처리
- pH 및 수분활성도의 조절 또는 배지 첨가 같은 제품성분 배합
- 캔의 충전 및 밀봉 같은 가공처리
- 금속검출기에 의한 금속이물 검출공정 등

CCP를 결정하는 하나의 좋은 방법은 중요관리점 결정도를 이용하는 것으로 이 결정도는 원칙 1의 위해 평가 결과 중요위해(확인대상)로 선정된 위해요소에 대하여 적용한다.

원칙 3

CCP 한계기준 설정

세 번째 원칙은 HACCP팀이 각 CCP에서 취해져야 할 예방조치에 대한 한계기준을 설정하는 것이다. 한계기준은 CCP에서 관리되어야 할 생물학적, 화학적 또는 물리적 위해요소를 예방, 제거 또는 허용 가능한 안전한 수준까지 감소시킬 수 있는 최대치 또는 최소치를 말하며, 안전성을 보장할 수 있는 과학적 근거에 기초하여 설정되어야 한다.

한계기준은 현장에서 쉽게 확인할 수 있도록 가급적 육안관찰이나 간단한 측정으로 확인할 수 있는 수치 또는 특정지표로 나타내야 한다.

식품의 제조 · 가공 · 조리공정에서 중요관리점이 될 수 있는 사례는 다음과 같으며, 동일한 식품을 생산하는 경우에도 제조 · 설비 등 작업장 환경이 다를 경우에는 서로 상이할 수 있다.

- 온도 및 시간
- pH
- 염소, 염분농도 같은 화학적 특성
- 관련서류 확인 등
- 수분활성도(Aw) 같은 제품 특성
- 습도(수분)
- 금속검출기 감도

한계기준을 결정할 때에는 법적 요구조건과 연구 논문이나 식품관련 전문서적, 전문가 조언, 생산공정의 기본자료 등 여러 가지 조건을 고려해야 한다. 예를 들면 제품 가열 시 중심부의 최저온도, 특정온도까지 냉각시키는 데 소요되는 최소시간, 제품에서 발견될 수 있는 금속조각(이물질)의 크기 등이 한계기준으로 설정될 수 있으며, 이들 한계기준은 식품의 안전성을 보장할 수 있어야 한다. 한계기준은 초과되서는 안 되며 양 또는 수준이 상한기준과 안전한 식품을 취급하는 데 필요한 최소량인 하한기준을 단독으로 설정할 수 있다.

예 상한기준의 예 : 금속파편 크기 1.0mm 이하
하한기준의 예 : 주정의 양을 일정량 이상으로 설정

① 한계기준 설정방법

한계기준은 다음 절차에 따라 설정한다.

- 결정된 CCP별로 해당식품의 안전성을 보증하기 위하여 어떤 법적 한계기준이 있는지를 확인한다(법적인 기준 및 규격 확인).
- 법적인 한계기준이 없을 경우, 업체에서 위해요소를 관리하기에 적합한 한계기준을 자체적으로 설정하며, 필요시 외부전문가의 조언을 구한다.
- 설정한 한계기준에 관한 과학적 문헌 등의 근거자료를 유지 보관한다.

② 한계기준 설정 근거자료

- CCP공정의 가공조건(시간, 온도, 횟수, 자력, 크기 등의 조건)별 실제 생산라인에서 반제품, 완제품을 대상으로 하는 시험자료

• 설정된 한계기준을 뒷받침할 수 있는 과학적 근거(문헌, 논문 등) 자료 등

원칙 4

각 중요관리점(CCP)에 대한 모니터링 체계 확립

네 번째 원칙은 중요관리점을 효율적으로 관리하기 위한 모니터링 체계를 수립하는 것이다. 모니터링이란 CCP에 해당되는 공정이 한계기준을 벗어나지 않고 안정적으로 운영되도록 관리하기 위하여 종업원 또는 기계적인 방법으로 수행하는 일련의 관찰 또는 측정수단이다. 모니터링 체계를 수립하여 시행하게 되면 첫째, 작업과정에서 발생되는 위해요소의 추적이 용이하며 둘째, 작업공정 중 CCP에서 발생한 기준 이탈 시점을 확인할 수 있으며 셋째, 문서화된 기록을 제공하여 검증 및 식품사고 발생 시 증빙자료로 활용할 수 있다. HACCP팀은 모니터링 활동을 수행함에 있어 연속적인 모니터링을 실시해야 한다. 연속적인 모니터링이 불가능한 경우 비연속적인 모니터링의 절차와 주기(빈도수)는 CCP가 한계기준 범위 내에서 관리될 수 있도록 정확하게 설정되어야 한다. 모니터링 주기 설정 시 작업공정관리에 대한 통계학적 지식이 적용되면 더욱 효과적인 결과를 얻을 수 있다.

모니터링 결과는 개선조치를 취할 수 있는 지식과 경험 그리고 권한을 가진 지정된 자에 의해서 평가되어야 한다. 한계기준을 이탈한 경우에는 신속하고 정확한 판단에 의하여 개선조치가 취해져야 하는데, 일반적으로 물리적 · 화학적 모니터링이 미생물학적 모니터링 방법보다 신속한 결과를 얻을 수 있으므로 우선적으로 적용된다.

CCP를 모니터링하는 종업원은 해당 CCP에서의 모니터링 항목과 모니터링 방법을 효과적으로 올바르게 수행할 수 있도록 기술적으로 충분히 교육 · 훈련되어 있어야 한다.

또한 모니터링 결과에 대한 기록은 예/아니오 또는 적합/부적합 등이 아니라 실제로 모니터링한 결과를 정확한 수치로 기록해야 한다.

원칙 5

개선조치 확립

HACCP 계획은 식품으로 인한 위해요소가 발생하기 이전에 문제점을 미리 파악하고 시정하는 예방체계이므로, 모니터링 결과 한계기준을 벗어날 경우 취해야 할 개선조치 방법을 사전에 설정하여 신속한 대응조치가 이루어지도록 한다.

일반적으로 취해야 할 개선조치사항에는 공정상태의 원상복귀, 한계기준 이탈의 영향을 받은 관련식품에 대한 조치사항, 이탈에 대한 원인규명 및 재발방지 조치, HACCP 계획의 변경 등이 포함된다.

원칙 6

검증절차 확립

여섯 번째 원칙은 HACCP 시스템이 적절하게 운영되고 있는지를 확인하기 위한 검증절차를 설정하는 것이다. HACCP 팀은 HACCP 시스템이 설정한 안전성 목표를 달성하는 데 효과적인지, HACCP 관리계획에 따라 제대로 실행되는지, HACCP 관리계획의 변경 필요성이 있는지를 확인하기 위한 검증절차를 설정해야 한다.

검증내용은 크게 두 가지로 나뉜다. 즉 ① HACCP 계획에 대한 유효성 평가(Validation), ② HACCP 계획의 실행성 검증이다. HACCP 계획의 유효성 평가라 함은 HACCP 계획이 올바르게 수립되어 있는지 확인하는 것으로 발생가능한 모든 위해요소를 확인 · 분석하고 있는지, CCP가 적절하게 설정되었는지, 한계기준이 안전성을 확보하는 데 충분한지, 모니터링 방법이 올바르게 설정되어 있는지 등을 과학적 · 기술적 자료의 수집과 평가를 통해 확인하는 검증의 한 요소이다. HACCP 계획의 실행성 검증은 HACCP 계획이 설계된 대로 이행되고 있는지를 확인하는 것으로 작업자가 정해진 주기로 모니터링을 올바르게 수행하고 있는지, 기준 이탈 시 개선조치를 적절하게 취하고 있는지, 검사 · 모니터링 장비를 정해진 주기에 따라 검 · 교정하고 있는지 등을 확인하는 것이다.

이러한 검증활동은 선행요건프로그램의 검증활동과 병행 또는 분리하여 실시할 수 있다.

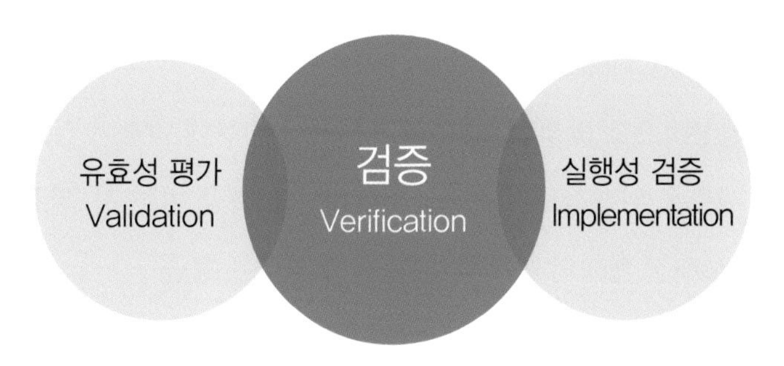

개선조치 방법 설정 시 체크사항

1 이탈된 제품을 관리하는 책임자는 누구이며, 기준 이탈 시 모니터링 담당자는 누구에게 보고하여야 하는가?

2 이탈의 원인이 무엇인지 어떻게 결정할 것인가?

3 이탈의 원인이 확인되면 어떤 방법을 통하여 원래의 관리상태로 복원시킬 것인가?

4 한계기준이 이탈된 식품(반제품 또는 완제품)은 어떻게 조치할 것인가?

5 한계기준 이탈 시 조치해야 할 모든 작업에 대한 기록·유지 책임자는 누구인가?

6 개선조치 계획에 책임 있는 사람이 없을 경우 누가 대신할 것인가?

7 개선조치는 언제든지 실행가능한가?

① 검증의 종류

검증주체에 따른 분류

- 내부검증 : 사내에서 자체적으로 검증원을 구성하여 실시하는 검증
- 외부검증 : 정부 또는 적격한 제3자가 검증을 실시하는 경우로 식품의약품안전처에서 HACCP 적용업체에 대하여 연 1회 실시하는 사후 조사 · 평가가 이에 포함됨

검증주기에 따른 분류

- 최초검증 : HACCP 계획을 수립하여 최초로 현장에 적용할 때 실시하는 HACCP 계획의 유효성 평가(Validation)
- 일상검증 : 일상적으로 발생되는 HACCP 기록문서 등에 대하여 검토 · 확인하는 것
- 특별검증 : 새로운 위해정보 발생 시, 해당식품의 특성 변경 시, 원료 · 제조공정 등의 변동 시, HACCP 계획의 문제점 발생 시 실시하는 검증
- 정기검증 : 정기적으로 HACCP 시스템의 적절성을 재평가하는 검증

② 검증의 실시 시기

HACCP 관리계획의 최초 실행과정, 즉 해당 계획서가 작성된 이후 현장에 적용하면서 실제로 해당 계획이 효과가 있는지 확인하기 위하여 최초검증(유효성 평가)을 반드시 실시하고 문제점을 개선 · 보완한 이후 본격적으로 HACCP 관리계획을 적용하여야 한다. HACCP 관리계획은 식품이나 공정상에 실질적인 변경사항이 있는 경우, 또는 기존 계획서가 충분히 효과적이지 못할 수 있음을 나타내는 경우마다 특별검증(재평가)을 실시하여야 하며, 이러한 이유 중 하나에 해당되지 않는 경우에 적어도 연 1회 이상 정기검증을 실시하여야 한다.

특별검증(재평가)을 실시하여야 하는 경우

- 해당 식품과 관련된 새로운 안전성 정보가 있을 때
- 해당 식품이 식중독, 질병 등과 관련될 때
- 설정된 한계기준이 맞지 않을 때
- HACCP 계획의 변경 시(신규원료 사용 및 변경, 원료 공급업체의 변경, 제조 · 조리 공정의 변경, 신규 또는 대체 장비 도입, 작업량의 큰 변동, 섭취대상의 변경, 공급체계의 변경, 종업원의 대폭 교체)

또한, 일상적으로 발생되는 HACCP 관련 기록들에 대한 일상검증을 주기를 정하여 실시하여야 한다. 즉 위해를 제거 또는 감소시키기 위한 공정이 제대로 이행되었는지 확인하는 CCP 모니터링 기록 등을 해당제품이 출고되기 이전에 반드시 확인하여야 한다. 이 외에 HACCP 계획의 유효성 및 실행성을 확인하기 위하여 필요한 경우 특정부분에 대하여 주, 월, 반기 등 주기를 정하여 검증을 실시할 수 있다.

③ 검증 내용

유효성 평가

수립된 HACCP 계획이 해당식품이나 제조 · 조리 라인에 적합한지, 즉 HACCP 계획이 올바르게 수립되어 있어 충분한 효과를 가지는지를 확인하는 것으로

- 발생가능한 모든 위해요소를 확인 · 분석하였는지 여부
- 제품설명서, 공정흐름도의 현장 일치 여부
- CP, CCP 결정의 적절성 여부
- 한계기준이 안전성을 확보하는 데 충분한지 여부
- 모니터링 체계가 올바르게 설정되어 있는지의 여부 등이 해당된다.

HACCP 계획의 유효성 평가에서는 설정한 CCP 및 한계기준이 적절한지, HACCP 계획이 효과적인지 확인하기 위한 수단으로 미생물 또는 잔류 화학물질 검사 등이 이용된다.

HACCP 계획의 실행성 검증

HACCP 계획이 수립된 대로 효과적으로 이행되고 있는지 여부를 확인하는 것으로

- 작업자가 CCP공정에서 정해진 주기로 측정이나 관찰을 수행하는지 확인하기 위한 현장 관찰 활동
- 한계기준 이탈 시 개선조치를 취하고 있으며, 개선조치가 적절한지 확인하기 위한 기록의 검토

- 개선조치 실제 실행여부와 개선조치의 적절성 확인을 위하여 기록의 완전성 · 정확성 등을 자격 있는 사람이 검토하고 있는지 여부
- 검사 · 모니터링 장비의 주기적인 검 · 교정 실시 여부 등이 해당된다.

④ 검증의 실행

검증 주체

HACCP 시스템의 검증은 사내 자체적으로 검증원의 자격요건 등을 정하고 검증팀을 구성하여 실시하거나 검증의 객관성을 유지하기 위해 제3자인 외부 전문가를 통하여 검증을 실시할 수 있다.

검증계획의 수립

HACCP 팀은 연간 검증계획을 수립하고 이를 근거로 검증 실시 이전에 검증종류, 검증원, 검증항목, 검증일정 등을 포함한 검증실시계획을 수립하여야 한다.

⑤ 검증활동

검증활동은 크게 ① 기록의 검토, ② 현장조사, ③ 시험 · 검사로 구분할 수 있다.

기록의 검토

검토되어야 할 기록은 ① 현행 HACCP 계획, ② 이전 HACCP 검증보고서(선행요건 프로그램 포함), ③ 모니터링 활동(검 · 교정기록 포함), ④ 개선조치 사항 등이 있다. HACCP 계획의 검토는 위해요소분석 결과, CCP, 한계기준, 모니터링 방법, 개선조치 방법이 적절하게 설정되어 있으며 충분한 효과를 가지고 있는지 평가하는 것이다. 이전에 실시된 검증보고서를 검토하는 것은 만성적인 문제점을 파악하는 데 도움이 되며, 이전 감사에서의 지적사항은 보다 집중적으로 검토되어야 한다. 모니터링 활동 기록 중 일상적인 기록들은 일상검증을 통해 제대로 모니터링되고 기록유지 및 개선조치가 이루어지고 있는지

검토되어야 한다. 따라서 정기 · 특별검증 시에는 모든 기록을 광범위하게 검토하기보다는 업체의 특성을 고려하여 특히 중요한 부분에 해당되는 모니터링 활동 및 CCP 기록만을 검토하는 것이 효율적이다. 모니터링 활동이 누락되었거나, 모니터링 결과 한계기준을 벗어난 모든 사항에 대해서는 즉시 개선조치가 이루어지고 기록되어 있는지 확인해야 하며, 이에 상응하는 개선조치가 적절했는지 검토해야 한다.

현장조사

현장조사는 검증의 한 부분인 실행성을 확인할 수 있는 활동일 뿐만 아니라 이를 통하여 HACCP 계획이 효과적으로 운영될 수 있는 수준으로 선행요건프로그램이 유지되고 있음을 확인할 수 있다. 현장조사의 핵심은 제조 · 가공 · 조리공정흐름도, 작업장 평면도 등이 작성된 기준서와 일치하는지를 확인하고, 모니터링 담당자와의 면담 및 기록확인을 통하여 모니터링 활동을 제대로 수행하고 있는지를 평가하는 것이다. 검증자는 현장조사 시 다음 사항을 반드시 확인해야 한다.

- 설정된 CCP의 유효성
- 담당자의 CCP 운영, 한계기준, 감시활동 및 기록관리활동에 대한 이해
- 한계기준 이탈 시 담당자가 취해야 할 조치사항에 대한 숙지상태
- 모니터링 담당 종업원의 업무 수행상태 관찰
- 공정 중인 모니터링 활동 기록의 일부 확인

시험 · 검사

HACCP 계획의 효율적 운영여부를 검증하는 방법의 하나는 미생물실험, 이화학적 검사 등을 통한 확인검증이다. 모니터링 활동을 통해 CCP 관리가 완벽하게 수행되었음을 확인하기 위함이다. 따라서 CCP가 적절하게 관리되고 있는지 검증하기 위하여 주기적으로 시료를 채취하여 실험분석을 실시할 필요가 있다. 이는 모니터링 방법이 위해요소의 제어에 간접적인 수단이 되는 경우에 특히 필요하다.

이를 위한 시료채취 및 시험의 빈도는 HACCP 계획에 규정되어야 하며, CCP 관리방법, 한계기준 및 감시활동이 CCP를 연속적으로 관리하기에 적절한지를 검증할 수 있어야 한다. 특히, HACCP 계획이 처음 개발되거나 중요한 변경이 이루어진 경우에는 CCP 관리가 적절히 이루어지고 있음을 입증할 수 있도록 시험 · 검사를 실시하는 것이 바람직하다.

⑥ HACCP 검증 보고서 작성

HACCP 검증결과는 반드시 문서화되어 영업자에 의해 검토 또는 승인되어야 하며, 해당문서에는 검증종류, 검증원, 검증일자, 검증결과, 개선 · 보완내용 및 조치결과가 포함되어야 한다.

⑦ HACCP 계획의 검증방법

HACCP 계획의 검증은 현행 계획의 운영현황을 파악하고 개선의 필요성을 구체적으로 제시하기 위한 것으로, 위해요소분석 결과와 관리방법, CCP의 선정, 모니터링 활동, 개선조치 및 기록관리의 검토를 포함한다. 주요 항목의 검증 시 고려해야 할 사항은 다음과 같다.

위해요소분석 결과의 검증

- 선행요건 프로그램은 최종 위해요소분석 수행 시와 동일한 신뢰수준을 유지하면서 운영 · 관리되고 있는가?
- 제품 설명서, 유통경로, 용도와 소비자 등이 정확히 기술되어 있으며, 작업장평면도, 공조시설계통도, 용수 및 배수처리계통도 등이 현장과 일치하는가?
- 예비단계에서 수집된 위해관련 정보가 충분하며, 정확한가?
- 원료, 공정별 발생가능한 위해요소를 모두 단위물질로 도출하였는가?
- 도출된 위해요소를 원료, 실제 공정별로 가공된 반제품, 완제품을 대상으로 시험한 통계자료를 바탕으로 발생가능성 기준이 수립되었는가?

- 현장 공정평가자료(원료, 공정별 위해요소 시험자료)를 바탕으로 발생가능성을 평가하였는가?
- 원료별, 공정별 발생가능성과 심각성을 고려하여 평가한 위해평가결과가 동일한 수준으로 판단되는가?
- 위해요소를 관리하기 위한 예방조치방법이 이 식품 및 공정에 가장 적합한 현실성 있는 방법인가?
- 관리방법이 신뢰할 수 없거나 또는 효과적이지 않다는 것을 나타내는 모니터링 기록이나 개선조치 기록이 있는가?
- 보다 효과적으로 관리할 수 있는 새로운 정보가 있는가?

CCP의 검증

- 현행 CCP가 위해요소 관리를 위한 공정상의 최적의 선택인가?
- 실제 생산라인에서 도출된 위해요소별로 분류하여 원료, 반제품, 완제품 등을 대상으로 하는 공정 평가자료를 바탕으로 CCP를 설정하였는가?
- 생산제품, 제조 · 조리공정, 작업장 환경 변화 등으로 인하여 현행 CCP가 위해를 관리하기에 충분하지 않은가?
- CCP에서 관리되는 위해요소가 더 이상 심각한 위해가 아니거나 또는 다른 CCP에서 보다 효과적으로 관리되고 있는가?

한계기준의 평가

- 설정된 한계기준이 과학적인 근거를 충분히 가지고 있는지, 관련된 새로운 위해관련 정보가 있는지, 이러한 정보가 기존의 한계기준을 변경하도록 요구하는지를 판단하여야 한다. 한계기준 변경 시 생산 · 조리제품에 대한 응용연구결과, 문헌보고 내용, 식품안전 관련 관계법령 변경 등의 모든 정보 · 자료를 근거로 한계기준에 대한 재평가를 수행하고 변경여부를 결정해야 한다.

- 실제 생산라인에서 도출된 위해요소별로 나누어 원료, 반제품, 완제품 등을 대상으로 하는 공정 평가자료를 바탕으로 한계기준을 설정하였는가?
- CCP공정에서 가공조건별(가열시간, 온도, 세척시간, 횟수, 가수량 등)로 위해요소 제어 또는 제거효과 시험자료를 바탕으로 유효성 평가를 하였는가?

모니터링 활동의 재평가

- 개별 CCP에서의 감시활동 내용이 정확한가?
- 모니터링은 해당 공정이 한계기준 이내에서 운영되고 있는지를 판정할 수 있는가?
- 모니터링은 관리활동이 보증될 수 있는 충분한 빈도로 실시되고 있는가?
- 안정적인 관리상태 유지를 위해서 공정조정 혹은 개선조치가 얼마나 자주 요구되는가?
- 보다 좋은 감시방법이 있는가?
- 모니터링 도구 및 장비가 제대로 기능을 발휘하고 있으며, 교정된 상태를 유지하는가?
- 빈번한 일탈현상이 자동화된 감시체계에 따른 문제점으로 밝혀진 경우에는 수동 감시체계로 변환하도록 요구될 수도 있다.

개선조치의 평가

현행 개선조치가 모니터링 활동 내지는 한계기준 이탈현상을 개선하고 관리하는 데 적절한가를 평가하는 것으로, 대부분 개선조치 보고서와 개선조치에 관한 HACCP 모니터링 보고서에서 관련자료를 얻을 수 있다. 재평가과정에서 이루어진 HACCP 계획의 모든 개정사항 역시 개선조치를 검토할 때 고려되어야 한다.

- 한계기준에서 설정된 기준 이탈에 대하여 모두 개선조치 가능한 방법인가?
- 선조치 후보고 체계를 바탕으로 육하원칙에 따라 모니터링 담당자가 이해가능하도록 구체적으로 수립되었는가?

원칙 7

문서화 및 기록유지

일곱 번째 원칙은 HACCP 체계를 문서화하는 효율적인 기록유지 방법을 설정하는 것이다. 기록유지는 HACCP 체계의 필수적인 요소이며, 기록유지가 없는 HACCP 체계의 운영은 비효율적이며 운영근거를 확보할 수 없기 때문에 HACCP 계획의 운영에 대한 기록의 개발 및 유지가 요구된다. HACCP 체계에 대한 기록유지 방법 개발에 접근하는 방법 중 하나는 이전에 유지 관리하고 있는 기록을 검토하는 것이다. 가장 좋은 기록유지 체계는 필요한 기록내용을 알기 쉽게 단순하게 통합한 것이다. 즉 기록유지 방법을 개발할 때에는 최적의 기록담당자 및 검토자, 기록시점 및 주기, 기록의 보관 기간 및 장소 등을 고려하여 가장 이해하기 쉬운 단순한 기록서식을 개발하여야 한다. HACCP 체계의 운영과 관련된 기록목록의 예는 다음과 같다. 이 기록들은 제품을 유통시키기 전에 해당 작업장에서 HACCP 관리계획을 준수하였음을 보증하는 것이다.

① 원료

- 규격에 적합함을 증빙하는 원료공급업체의 시험증명서
- 공급업체의 시험성적서를 검증한 업체의 지도 · 감독 기록
- 온도에 민감하거나 유통기한이 설정된 원료에 대한 보관온도 및 기간 기록

② 공정관리

- CCP와 관련된 모든 모니터링 기록
- 식품 취급과정이 적절하게 지속적으로 운영하는지를 검증한 기록

③ 완제품

- 식품의 안전한 생산을 보장할 수 있는 자료 및 기록
- 제품의 안전한 유통기한을 입증할 수 있는 자료 및 기록

• HACCP 계획의 적합성을 인정한 문서

④ 보관 및 유통

• 보관 및 유통온도 기록
• 유통기간이 경과된 제품이 출고되지 않음을 보여주는 기록

⑤ 한계기준 이탈 및 개선조치

• CCP의 한계기준 이탈 시 취해진 공정이나 제품에 대한 모든 개선조치 기록

⑥ 검증

• HACCP 계획의 설정, 변경 및 재평가 기록

⑦ 종업원 교육

• 식품위생 및 HACCP 수행에 관한 교육훈련 기록

7원칙 12절차에 따라 HACCP 관리계획이 수립되면 해당계획을 HACCP 계획 일람표 양식에 따라 일목요연하게 도표화하여 기록 · 관리한다. 이렇게 HACCP 관리계획이 작성되면 HACCP 팀원 및 현장 종업원들에 대한 교육을 통하여 해당내용을 주지시킨 후 현장에 시범적용토록 하여 실제 현장에 적용하였을 경우 효과가 있는지, 종사자들에 의해 실행함에 있어 문제점은 없는지 등을 확인하여야 한다. 이러한 과정을 "최초검증"이라 하는데, HACCP 관리계획이 수립되면 반드시 이 과정을 거쳐야 한다. 최초검증 결과 미흡사항 또는 문제점 등에 대하여는 반드시 해결책을 찾아 HACCP 관리계획에 반영 · 개선한 후 HACCP 시스템을 본격적으로 운영하여야 한다.

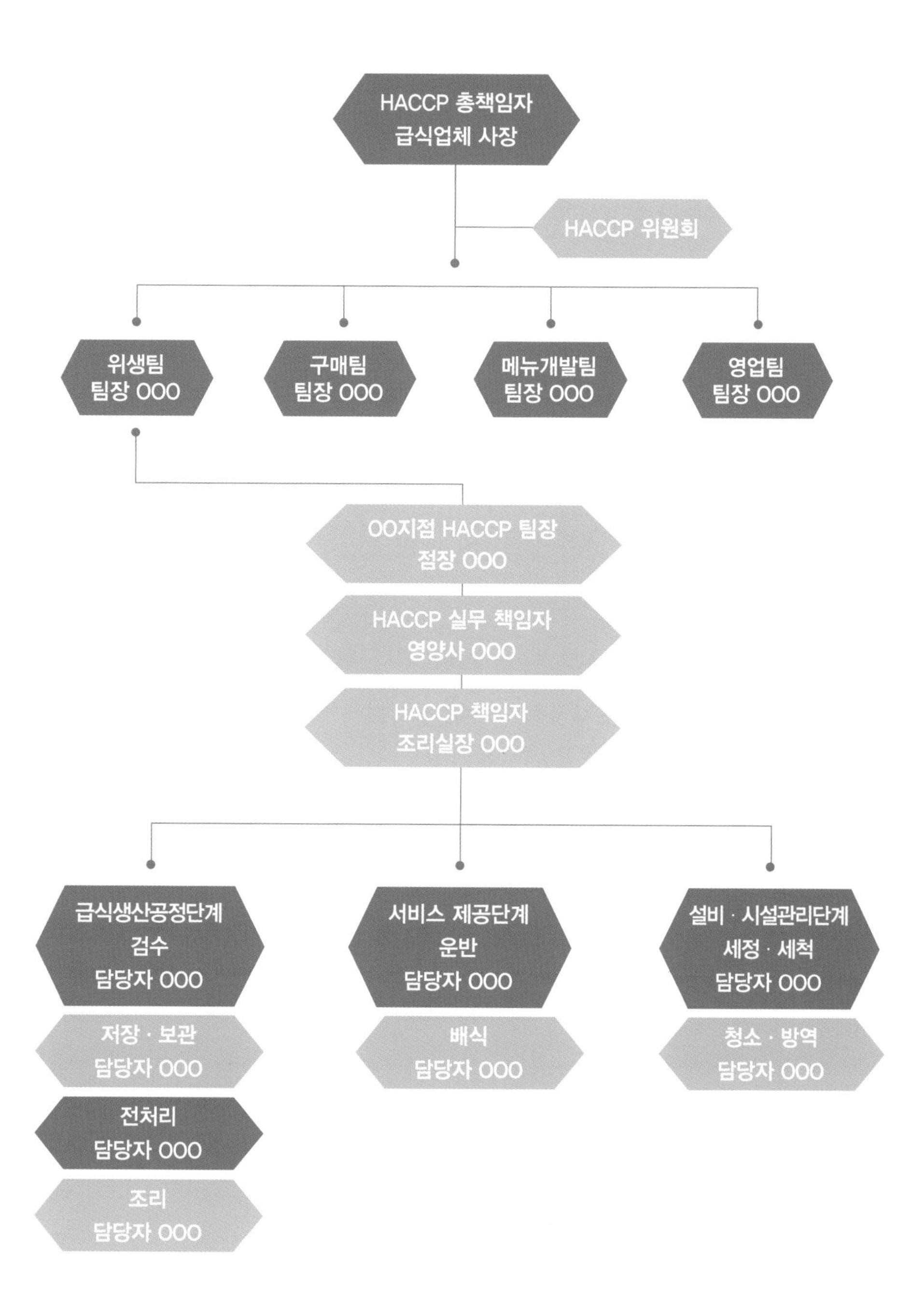
HACCP 총책임자
급식업체 사장
HACCP 위원회
위생팀
팀장 OOO
구매팀
팀장 OOO
메뉴개발팀
팀장 OOO
영업팀
팀장 OOO
OO지점 HACCP 팀장
점장 OOO
HACCP 실무 책임자
영양사 OOO
HACCP 책임자
조리실장 OOO
급식생산공정단계
검수
담당자 OOO
저장 · 보관
담당자 OOO
전처리
담당자 OOO
조리
담당자 OOO
서비스 제공단계
운반
담당자 OOO
배식
담당자 OOO
설비 · 시설관리단계
세정 · 세척
담당자 OOO
청소 · 방역
담당자 OOO

식중독 신속보고 체계

- 시장, 군수, 구청장 → 보고관리시스템 입력 · 보고 → 유관기관에 발생사실 동시 전파
- 발생 신고 : 의심환자 발생시설 운영자, 이용자, 의사 · 한의사 → 보건소
- 발생 보고 : 시 · 군 · 구 → 시 · 도, 식약처

*식약처 식중독보고관리시스템(http://www.foodsafetykorea.go.kr/minwon/main.do)에 입력

- 보건소 · 위생과 역학조사팀 구성 → 현장 출동 → 역학조사 실시
- 환자 등을 대상으로 증상, 섭취 음식물, 장소, 가검물 채취, 설문조사 등 실시
- 영업장 · 시설의 식재료, 칼 · 도마, 음용수, 종사자 가검물 등 수거 검사 의뢰
- 검사 및 역학조사 결과에 따라 발생 원인과 경로 판정, 처분 · 회수 · 폐기 등 오염원 제거 조치 실시
- 특히, 식중독 의심환자가 50명 이상 발생하거나, 학교에서 의심환자가 2명 이상 발생하면 지방청 원인식품조사반이 현장에 급파되어 원인식품 추적조사를 통한 식중독 확산을 차단

중앙정부	중앙식중독대책본부(식약처) 중앙역학조사반(질병관리본부)
지방청	식중독 지원반, 원인식품조사반
시·도	시·도 식중독대책반, 시·도 역학조사반
시·군·구	시·군·구 식중독상황처리반
보건소	시·군·구 역학조사반

학교식중독 조기경보 시스템이란?

- 식중독 발생 시 동일 식재료에 의한 식중독 발생이 우려되는 학교에 SMS 통보 등 경보를 발령하여 식중독 조기차단 및 확산방지를 위하여 2008년 3월부터 운영하고 있다. 학교에서 식중독 의심환자 발생 시 해당학교와 거래하는 업체 및 이 업체와 연계된 다른 학교를 확인하여 경보를 발령하는 등 식중독 확산 방지를 위한 예방 관리 시스템이다.

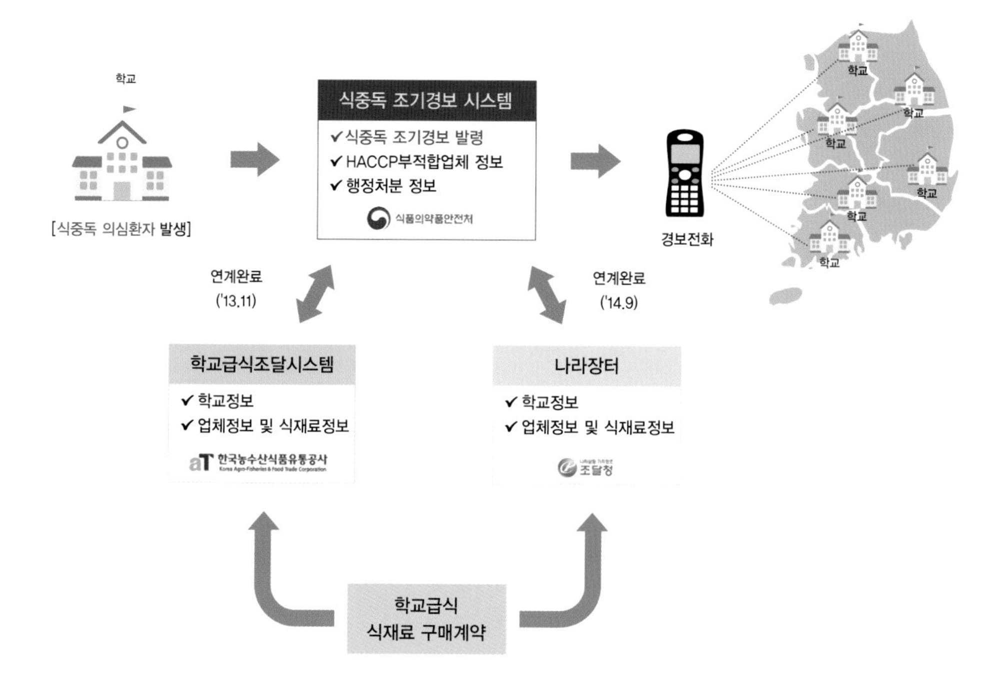

*집단급식소 식품판매업체, 식품제조 · 가공업체 등

- 식중독 조기경보 시스템과 학교급식전자조달시스템('13.11) · 나라장터('14.9)와 연계하여 학교 및 식재료 정보를 실시간 자동 공유하고 식중독 발생 시, 식중독 경보를 신속히 발령하여 식중독 확산을 조기 차단하고 있다.

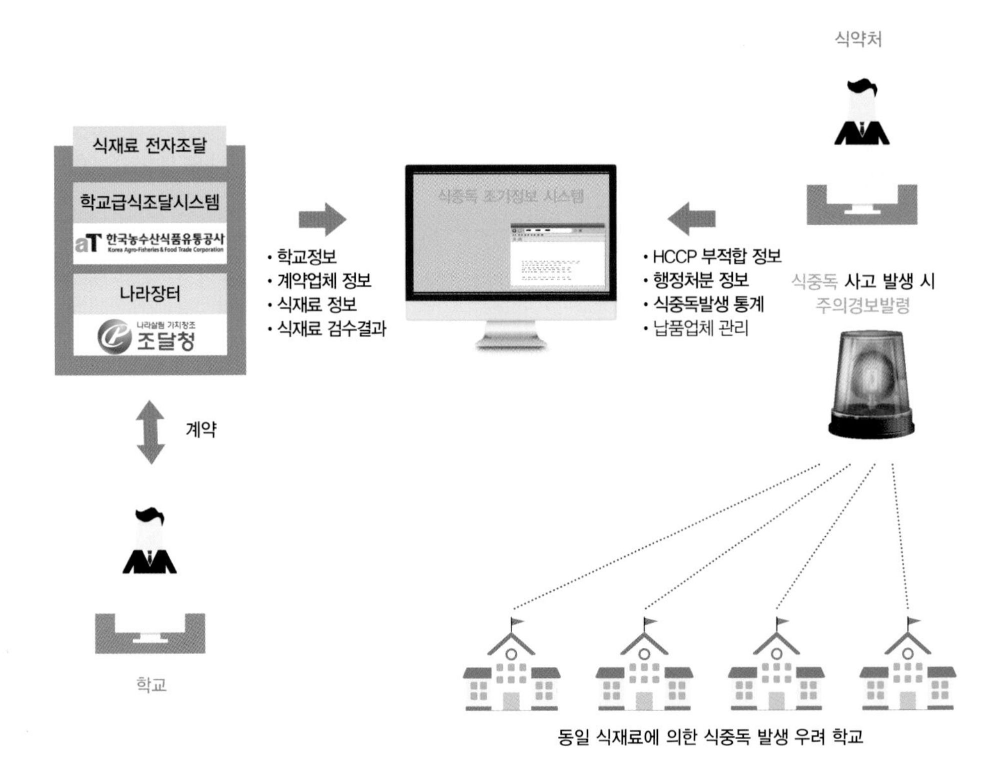

주요 기능

- 학교에서 식중독 의심환자 발생 시, 발생규모와 다른 학교로의 전파 가능성을 예측하여, 확산이 우려되는 경우 연관학교 급식담당자에게 식중독 예방요령 등 주의경보메시지를 전파한다. 또한 각 학교에서 식재료 업체 선정에 참고할 수 있도록 HACCP 부적합 업체정보, 행정처분 정보, 식중독 발생통계 등을 제공한다.

일일위생 점검표의 예

일일위생 점검표	결재	담당	확인

년 월 일 요일

구분	점검 항목	평가	조치	비고
조리원	위생복, 위생모, 조리화 착용 상태	A B C D		
	손톱 청결 상태	A B C D		
주방	조리기기(분쇄기, 탈피기, 탈수기, 세미기) 청결	A B C D		
	쥐, 바퀴, 파리, 방충, 방서시설	A B C D		
	트렌치 및 바닥의 청결도	A B C D		
	쓰레기 분리수거 및 처리 상태	A B C D		
	화장실용 외부인 신발 비치	A B C D		
	도마, 칼, 행주 소독(환자, 직원, 치료, 배선)	A B C D		
	식기소독 및 청결도	A B C D		
냉장·냉동·창고	온도, 습도 및 청결도	A B C D		
	식자재 및 식품보관	A B C D		
	쌀 선입선출 및 창고 내 통풍 청결 상태	A B C D		
	두부, 우유 등의 보관 관리 상태	A B C D		냉동냉장시설확인
배선실	온도, 습도 및 청결 상태	A B C D		
	카트류의 청결 상태	A B C D		
	세정기, 디스포자 청결 상태	A B C D		시간
	세정실 잔반 처리 및 정돈 상태	A B C D		
식당	식탁의자 및 바닥 청결 상태	A B C D		냉동·냉장실
	보리차 상태 및 보리차 기계 청결 상태	A B C D		
	수저, 컵, 양념통 및 식판의 청결 상태	A B C D		
	배선실 트렌치 및 청결 상태	A B C D		
기타	외곽 트랩 청결 상태	A B C D		냉장고
				A)
				B)
				C)
				D)
				E)
				F)

2. 미생물

1) 미생물의 분류와 특성

① 세균

병원 미생물 중 대부분을 차지하는 세균은 세포소기관인 엽록소와 미토콘드리아 없이 세포막과 원형질만으로 간단하게 이루어진 단세포의 원핵생물로 분열에 의해 증식한다. 형태에 따라 구균(球菌, Coccus), 간균(桿菌, Bacillus), 나선균(螺旋菌, Spirillum) 등으로 구분한다.

식중독을 일으키는 세균의 특징

- 음식, 물, 흙, 사람, 벌레 등 다양한 방법을 통해 식품에 운반된다.
- 세균 성장의 최적 환경상태가 되면 기하급수적으로 증가한다.
- 어떤 균은 냉동상태에서도 생존한다.
- 생육조건이 나빠질 경우 어떤 것은 포자(spores)로 변형되어 생존한다.
- 독소를 생산하는 세균도 있으며 이 독소 중 일부는 가열에 의해 쉽게 파괴되지 않는다.

② 바이러스

바이러스(virus)는 라틴어에서 온 말로 독소라는 뜻이고 세균보다 훨씬 작은 크기다. 독립적으로 대사활동을 할 수 없는 바이러스는 번식을 위해 사람이나 동물과 같은 살아있는 숙주가 필요하다. 세균과 달리 바이러스는 식품 내에서는 증식하지 못한다. 어떤 바이러스는 가열조리나 냉동환경에서도 생존할 수 있고, 사람과 사람, 사람에서 식품, 그리고 사람에서 식품접촉표면으로 전달된다. 또한 식품과 물 모두를 오염시킬 수 있다. 바이러스에 의한 질병을 예방하는 방법은 식품을 취급하는 사람의 개인위생을 철저히 유지하는 것이다.

바이러스는 크게 간염바이러스, AIDS(후천성면역결핍증, Acquired Immune Deficiency Syndrome)바이러스, 위소장염바이러스로 나누어진다. 위소장염바이러스는 소장과 위에 급성염증을 유발하는데 노로바이러스, 로타바이러스, 아스트로바이러스 등이 있다.

③ 곰팡이

진균류에 속하는 호기성미생물로 본체가 실처럼 길고 가는 모양의 균사로 된 사상균을 가리킨다. 곰팡이의 생육최적온도는 25~30℃이고 증식 pH 범위는 2.0~9.0으로 넓다.

세균보다 증식속도는 느리지만 세균이 증식하지 못하는 수분 13~15%의 건조식품에서도 적절한 온도만 유지되면 증식할 수 있고 당도는 식염 농도가 높은 식품에도 증식해서 식품을 변질시킨다.

④ 효모

효모(yeast)는 통성혐기성 미생물로서 곰팡이와 같은 진균류에 속하며 주로 출아법에 의해 증식한다. 형태는 구형, 난형, 타원형, 원통형 등이 있다.

pH, 온도, 수분활성도가 비교적 낮은 환경에서도 잘 자라는 생리적 특성은 곰팡이와 비슷하나 통성혐기성 균이기 때문에 혐기적인 조건에서도 잘 성장한다는 점이 다르다.

양조나 제빵에 이용하는 이로운 효모도 있으나 식품을 변패시켜 품질을 저하시키는 효모도 있다.

⑤ 원생동물

원생동물(protozoa)은 2.0~20nm 정도 크기의 단세포 생물이다. 엽록소를 갖지 않으며 활발한 운동성이 있고 영양분 섭취는 동물처럼 소화시키는 유형도 있고 용액상태의 유기화합물을 섭취하는 형태도 있다. 원생동물에는 편모충류, 근족충류, 포자충류, 섬모충류가 있다.

⑥ 미생물 생육에 영향을 주는 인자

미생물의 분열 및 성장곡선

세균들은 대부분 성장을 위한 최적환경에서 분열을 통해 증식하게 되며 보통 유도기 → 대수기 → 정지기 → 사멸기로 이루어진 성장곡선을 가진다.

유도기는 세균의 증가가 거의 일어나지 않고 크기만 증가하는 상태이고 대수기는 세균의 수가 시간과 비례하여 증가하는 시기로 매 15~30분마다 두 배로 증가한다. 정지기는 새로 생겨나는 세균의 수와 죽는 세균의 수가 동일해져 더 이상 세균의 수가 증가하지 않고 정점에 머무른 상태이며, 사멸기는 영양성분의 고갈 및 자체 배설물에 의해 세균들이 사멸하는 단계이다.

세균의 성장곡선

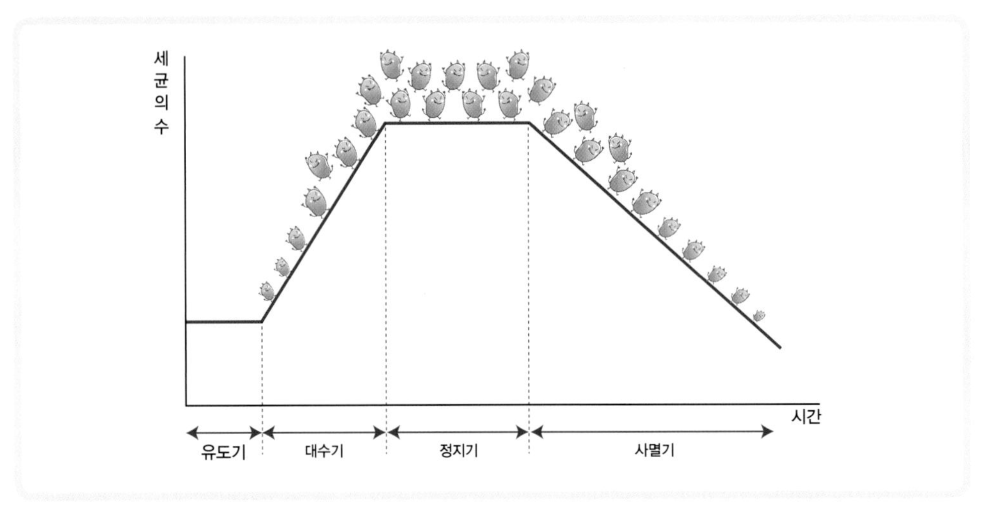

위의 그림은 세균의 성장곡선으로 시간에 따른 세균 수의 변화를 나타내고 있다.

미생물 성장에 영향을 미치는 인자

미생물이 증식하기 위해서는 다음 6가지의 요소가 필요하며, 이는 F-A-T-T-O-M의

줄임말로 불린다.

① **Food(식품)** : 미생물에게 영양분을 공급해 주는 것은 식품으로 특히 미생물이 좋아하는 식품은 고단백, 고열량 식품이다. 주로 육류, 조류, 해산물, 유제품, 호화상태의 곡류 등이 포함된다.

② **Acid(산도)** : 병원성 세균의 경우 대부분 약산성 또는 중성 범위(pH 4.6~7.5)에서 자라며 pH 6.5~7.2 사이에서 가장 잘 자라는데 이는 우리가 먹는 일상식품의 pH이다. 또한 세균은 pH 4.6 이하에서는 제대로 성장하지 못한다.

③ **Temperature(온도)** : 식중독을 일으키는 미생물의 생육 적온은 대부분 5~57℃이며 이 온도대를 위험온도범위라고 한다. 그러나 리스테리아균, 여시니아균 및 세균의 포자는 냉장온도에서도 증식이 가능하다.

④ **Time(시간)** : 최적조건이 갖추어진 경우 매 20분마다 세균의 개체 수가 2배로 증가된다. 따라서 잠재적 위해식품이 위험온도범위대에 4시간 이상 방치되었을 때 식중독을 발생시키기에 충분한 개체 수가 되기 때문에 위험온도범위에 식품이 노출되는 시간을 가급적 짧게 하는 것이 미생물 증식을 막는 방법이다.

⑤ **Oxygen(산소)** : 세균은 성장이나 활동을 위해 산소에 대한 요구조건이 다르며 산소를 필요로 하는 호기성 세균과 산소가 없는 상태를 요구하는 혐기성 세균, 산소의 유무에 관계없이 살 수 있는 통성혐기성 세균으로 나뉜다. (미호기성 세균은 3~6% 범위의 산소를 요구한다.)

⑥ **Moisture(수분)** : 수분은 미생물의 성장에 꼭 필요한 요소로 미생물들이 성장하는데 이용할 수 있는 식품에 함유된 수분의 양을 수분활성도(Water activity, Aw)로 나타낸다. 수분활성도는 0~1로 나타내는데 수분활성도 0.85 이상을 가진 식품에서 병원성 세균이 잘 자란다.

세균의 성장요인(F-A-T-T-O-M)

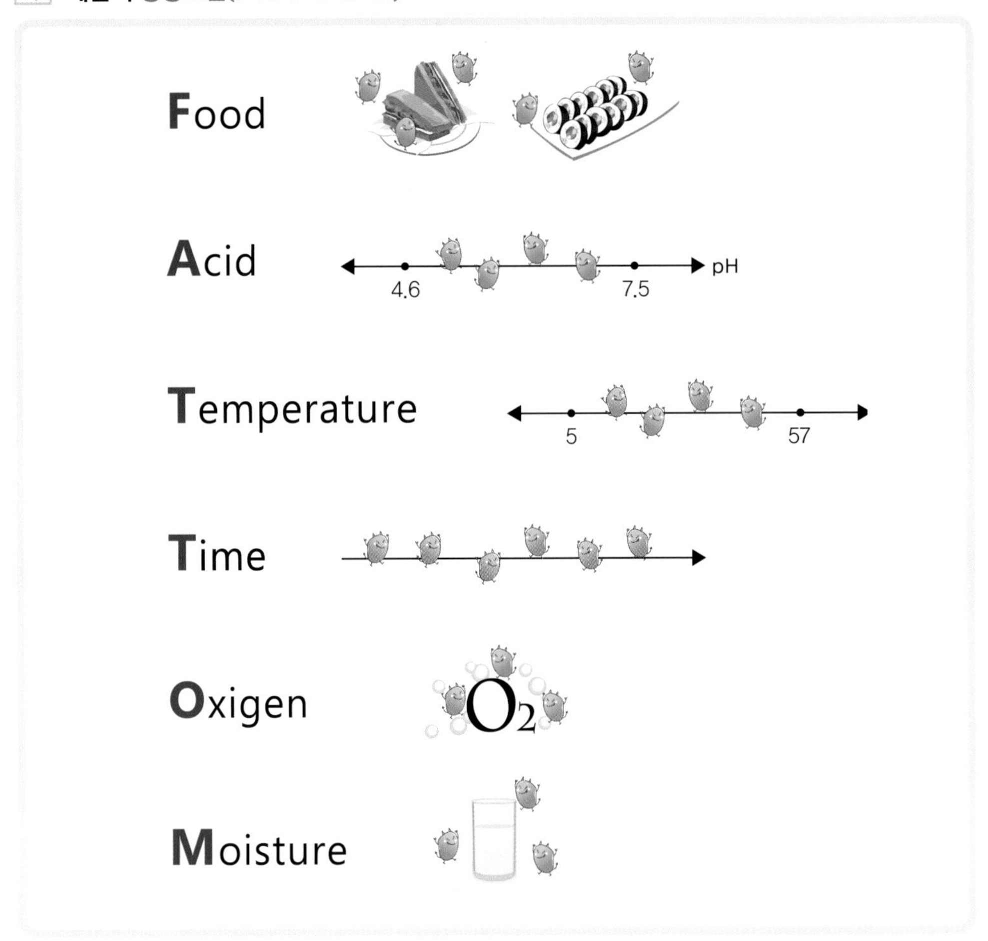

3. 식중독

1) 식중독의 개념

「식품위생법」 제2조제14항에 식중독은 "식품의 섭취로 인하여 인체에 유해한 미생물 또는 유독물질에 의하여 발생하였거나 발생한 것으로 판단되는 감염성 또는 독소형 질환을 말한다."라고 정의되었다. 또한 "집단식중독"이란 2명 이상의 사람이 동일한 식품을 섭취한 것과 관련되어 유사한 식중독 양상을 나타내는 것(WHO, Foodborne Disease Outbreaks Guidelines for Investigation and Control, 2008)을 말한다.

그 원인에 따라 세균에 의한 감염이나 세균에서 생성된 독소에 의해 중독증상을 일으키는 세균성 식중독, 자연계에 존재하는 동물성이나 식물성 독소에 의해서 일어나는 자연독 식중독, 인공적인 화학물질에 의해서 발생하는 화학적 식중독으로 구분된다.

2) 식중독의 분류

HACCP 관리기준

대분류	중분류	소분류	대표적 원인균
미생물 식중독 (30종)	세균성 (18종)	감염형(세균의 체내증식에 의한 것)	살모넬라, 장염비브리오, 콜레라, 비브리오 불니피쿠스, 리스테리아 모노사이토제네스, 병원성대장균(EPEC, EHEC, EIEC, ETEC, EAEC), 바실러스 세레우스, 쉬겔라, 여시니아, 엔테로콜리티카, 캠필로박터 제주니, 캠필로박터 콜리
		독소형(식품 내에서 균이 증식, 독소생성 후 섭취중독)	황색포도상구균, 클로스트리디움 퍼프린젠스, 클로스트리디움 보툴리눔
	바이러스성 (7종)	공기, 접촉, 물 등의 경로 전염	노로, 로타, 아스트로, 장관아데노, A형간염, E형간염, 사포 바이러스
	원충성 (5종)	-	이질아메바, 람블편모충, 작은와포자충, 원포자충, 쿠도아
자연독 식중독		동물성	복어독, 시가테라독 등
		식물성	감자독, 버섯독 등
		곰팡이	황변미독, 맥각독, 아플라톡신 등
화학적 식중독		고의 또는 오용으로 첨가되는 유해물질	식품첨가물
		본의 아니게 잔류, 혼입되는 유해물질	잔류농약, 유해성 금속화합물
		제조·가공·저장 중에 생성되는 유해물질	지질의 산화생성물, 니트로아민
		기타 물질에 의한 중독	메탄올 등
		조리기구·포장에 의한 중독	녹청(구리), 납, 비소 등

(1) 미생물 식중독(세균성, 바이러스성, 원충성)

① 세균성 식중독

세균성 식중독은 발병기전에 따라 감염형과 독소형으로 구분한다.

세균은 영양분, pH, 온도, 시간, 산소, 수분이 적합하면 기하급수적으로 번식하므로 식중독균의 감염경로와 증식조건, 사멸조건을 충분히 이해하여 예방책을 강구해야 한다.

감염형 식중독의 예방책

- 식품의 안전보관, 저온조리, 가열처리
- 조리장의 쥐, 바퀴벌레, 파리 등을 구제
- 어패류 등의 생식과 보관, 2차 감염에 주의

독소형 식중독의 예방책

- 식품오염이나 2차 감염을 방지하고 오염의 가능성이 있는 식품은 즉시 폐기
- 조리장은 주기적으로 살균하며, 화농이 있는 자는 조리 금지
- 저온저장, 취사장 청결, 위생적 보관, 위생적 가공, 음식물 가열처리

식중독은 일반적으로 구토, 설사, 복통, 발열 등의 증상을 나타내며 원인물질에 따라 잠복기와 증상의 정도가 다르게 나타난다. 다음의 표에 주요 세균성 식중독의 원인 및 증상을 나타내었다.

주요 세균성 식중독의 원인 및 증상

병원체	잠복기	증상	2차 감염
바실러스 세레우스 a. 구토독소 b. 설사독소	 1~6시간 6~24시간	 구토, 일부 설사, 간혹 발열 설사, 복통, 일부 구토, 간혹 발열	 X X
캄필로박터균 (Campylobacter)	2~7일	설사(가끔 혈변), 복통, 발열	X
클로스트리디움 퍼프린젠스 (Clostridium perfringens)	8~24시간	설사, 복통, 간혹 구토와 열	X
장출혈성대장균 (Enterohemorrhagic Escherichia coli, EHEC)	2~6일	수양성 설사(자주 혈변), 복통(가끔 심함), 발열은 거의 없음	X
장독소성대장균 (Enterotoxigenic Escherichia coli, ETEC)	6~48시간	정액성 설사, 복통, 오심 간혹 구토·발열	X
장병원성대장균 (Enteropathogenic Escherichia coli, EPEC)	일정치 않음	수양성 설사(자주 혈변), 복통, 발열	X
장침입성대장균 (Enteroinvasive Escherichia coli, EIEC)	일정치 않음	수양성 설사(자주 혈변), 발열, 복통 X	X
살모넬라균 (Salmonella)	12~36시간	설사, 발열 및 복통은 흔함	O
황색포도상구균 (Staphylococcus aureus)	1~6시간 (2~4시간)	심한 구토, 설사	X
장염비브리오균 (Vibrio parahaemolyticus)	4~30시간	설사, 복통, 구토, 발열	X
여시니아 엔테로콜리티카 (Yersinia enterocolitica)	1~10일 (통상 4~6일)	설사, 복통(가끔 심함)	X

② 바이러스성 식중독

바이러스성 식중독의 원인 및 증상

병원체	잠복기	증상		전파기전	2차 감염
		구토	열		
아스트로바이러스(Astrovirus)	1~4일	가끔	가끔	식품, 물, 대변-구강전파	O
장관 아데노바이러스(Adenovirus)	7~8일	통상적	통상적	물, 대변-구강전파	O
노로바이러스(Norovirus)	24~48시간	통상적	드물거나 미약	식품, 물, 접촉감염, 대변-구강전파	O
로타바이러스 A군(Rotavirus A)	1~3일	통상적	통상적	물, 비말감염, 병원감염, 대변-구강전파	O

※ 설사증세는 일반적으로 묽거나 수양성이며 위장관 감염 시 비출혈성 설사를 보임

세균과 바이러스의 차이

	세균	바이러스	비고
특성	균에 의한 것 또는 균이 생산하는 독소에 의하여 식중독 발견	크기가 작은 DNA 또는 RNA가 단백질 외피에 둘러싸여 있음	
증식	온도, 습도, 영양성분 등이 적정하면 자체 급식 증식 가능	자체 증식이 불가능하며 숙주가 존재해야 증식 가능	
발병량	일정량(수백~수백만) 이상의 균이 존재해야 발병 가능	미량(10~100) 개체로도 발병 가능	
증상	설사, 구토, 복통, 메스꺼움, 발열, 두통 등	메스꺼움, 구토, 설사, 두통	증상은 유사함
치료	항생제 등을 사용하여 치료 가능하며 일부균은 백신이 개발되었음	일반적 치료법이나 백신이 없음	
2차 감염	2차 감염되는 경우는 거의 없음	대부분 2차 감염됨	

③ 원충성 식중독

원충에 감염된 원료를 익히지 않은 채로 섭취하면 걸리는 식중독으로 이질아메바, 람

블편모충, 작은와포자충, 원포자충, 쿠도아 등이 있다.

(2) 자연독 식중독

자연독 식중독은 자연산물에 의한 식중독으로 독버섯 · 원추리 · 박새풀 등에 의한 식물성 식중독과 복어 등에 의한 동물성 식중독으로 분류된다. 발생원인으로는 식물 또는 동물이 원래부터 가지는 성분이거나, 먹이사슬을 통해 동물의 체내에 축적되어 유독물질이 생기는 것으로 볼 수 있다. 이와 같이 식품섭취로 인하여 발생되는 자연독 식중독을 예방하기 위해서는 독성이 있는 식품과 식용가능 식품을 구분, 감별할 수 있는 지식을 습득하고, 계절에 따라 유독화하는 시기를 피하여 섭취하도록 한다.

① 동물성 식중독

복어독

복어류가 가진 독의 총칭으로 이를 정제하여 결정화한 것을 테트로도톡신(tetrodotoxin)이라 한다. 신경을 마비시키는 신경독으로 중독증상은 식후 30분~4시간에서 시작하여 1~8시간 내에 사망한다. 치사율이 높아 50~60% 정도이며, 독성은 산란기 직전인 5~6월에 가장 강하다. 복어중독을 예방하기 위해서는 복어요리 자격증이 있는 전문가가 요리하여야 하며, 독성이 많은 알, 난소, 간장, 껍질 등은 식용하지 않도록 조심해야 한다.

시가테라독

열대나 아열대의 산호 주변에 서식하는 독어를 섭취함으로써 일어나는 치사율이 낮은 식중독을 총칭한다. 2~3일 후에 회복되며 사망에 이르지는 않는다.

조개중독

조개류의 독성물질은 대부분 내장에 존재하며, 열에 대한 안정성이 있어서 조리 시 열에 의해 잘 파괴되지 않기 때문에 늦은 봄부터 초여름까지는 섭취를 피하는 것이 좋다.

삭시톡신(saxitoxin)은 섭조개, 진주담치, 홍합, 대합조개, 모시조개 등을 섭취함으로써 발생되는 마비성 조개중독이다.

베네루핀 중독은 바지락, 굴, 모시조개에 함유된 독성분을 섭취함으로써 발생한다. 베네루핀은 열에 안정하며 100℃에서 1시간 가열해도 파괴되지 않으나 pH 9 이상에서 오래 끓이면 파괴된다.

② 식물성 식중독

감자독

감자의 유독성분인 솔라닌(solanine)은 감자의 발아부위와 녹색부위에 생성된다. 따라서 이 부분을 제거하지 않고 섭취하면 용혈작용 및 운동중추에 마비작용을 일으킨다.

버섯독

독버섯을 식용버섯으로 잘못 채취하여 먹으면 식중독을 일으키게 되는데 독버섯과 식용버섯을 구별하는 방법은 다음과 같다.

- 버섯의 살이 세로로 쪼개지는 것은 무독하여 식용가능하다.
- 색이 아름답고 선명한 것은 유독하다.
- 악취가 나는 것은 유독하다.
- 쓴맛, 신맛을 가진 것은 유독하다.
- 유즙을 분비하거나 점성의 액이 나오거나 공기 중에 변색된 것은 유독하다.
- 버섯을 끓였을 때 나오는 증기를 은수저에 대봤을 때 검게 변하면 유독하다.

목화

목화의 씨, 뿌리, 줄기에는 고시폴이 들어 있어 중독되면 피로, 위장장애, 식욕감퇴, 현기증, 구내건조 등이 발생하며 졸음, 정력감퇴, K 결핍 등도 수반된다.

③ 곰팡이독 식중독

재배부터 소비에 이르는 모든 단계에 걸쳐 곰팡이 오염 방지대책을 강구해야 한다. 곰팡이독은 열에 안정한 것이 많아 식품가공의 열처리로 파괴하기 어렵기 때문에 곰팡이에 오염되지 않도록 예방하는 것이 최선의 방법이다.

- 농작물의 재배나 수확기에 곰팡이가 증식하지 않도록 한다.
- 곡류는 수분함량 13% 이하로 건조시켜 저온보관함으로써 곰팡이 증식을 억제한다.
- 곰팡이에 오염되지 않은 신선한 재료를 선별하여 식품으로 가공하며 곰팡이에 오염되지 않도록 안전한 장소에 보관한다.
- 가정에서도 생활환경을 청결히 유지하여 곰팡이가 증식하지 못하도록 한다.
- 곰팡이독 위험성이 높은 식품은 주기적으로 모니터링하여 오염이 파급되지 않도록 한다.
- 곰팡이독 취급자는 반드시 고무장갑을 착용하고 환기시설을 갖춘 곳에서 작업한다.

황변미독

Penicillium속(푸른곰팡이) 중 일부가 쌀에 기생하여 황변미를 만든다. 황변미독을 생성하는 곰팡이는 수분 14~15% 이상에서 생육이 가능하여 아플라톡신 생성 곰팡이보다 수분활성도가 낮아도 자랄 수 있다.

맥각독

보리에서 잘 번식하는 Claviceps purpurea라는 곰팡이에 오염된 보리는 흑청색으로 변색되고, 조직이 잘 부스러진다. 이런 보리에는 곰팡이 균핵이 존재하는데 이것을 맥각이라 한다.

아플라톡신

간암을 유발하는 강력한 발암물질인 아플라톡신은 땅콩박에 번식하여 생성되는 강한 형광성 독소이다.

(3) 화학적 식중독

화학적 식중독은 식품의 제조, 가공, 유통과정 중 외부에서 유독물질이 첨가되거나, 식품성분에서 유도된 물질을 섭취하여 발생되는 식중독으로 계절에 무관하고 발생건수가 적지만 인체에 흡수되면 분해나 배설이 쉽지 않고 축적된다.

① 고의 또는 오용으로 첨가되는 유해물질(식품첨가물)

유해보존료

보존기간의 연장을 위해 유해 미생물의 발육을 억제하려는 목적으로 사용하는 보존료는 허용보존제(방부제)라 할지라도 과량 사용하면 안전에 문제가 된다.

유해보존료로는 붕산, 포름알데히드, 유로트로핀, 말라카이트그린, 베타-나프톨, 로단초산에틸 에스테르 등이 있다.

유해착색료

합성착색료는 식품에 색을 첨가하거나 복원하는 역할을 하는데 주로 타르색소에서 중독사고를 일으킨다. 황색의 오라민, 파라니트로아닐린과 적색의 로다민, 등적색의 실크 스칼렛 등이 있다. 기타 불허용 타르색소는 다음과 같다.

- 팥앙금 - 메틸바이올렛
- 마가린 - 버터옐로 또는 스피릿 옐로
- 고춧가루 - 수단 Ⅲ

유해감미료

단맛을 추구하는 현대인의 식습관의 영향과 단순당의 건강상 폐해를 줄이고자 인체에 해가 적고 감미도가 높은 인공감미료의 첨가가 늘어나고 있지만 일부 가공식품류에서 여전히 불허용 인공감미료가 검출되고 있다. 둘신, 사이클라메이트, 파라니트로오르토톨루이딘, 페릴라르틴 등이 그 예이다.

유해표백제

식품의 색을 밝게 하는 표백제는 허용물질이라도 반드시 그 용량을 지켜야 한다. 론갈리트, 삼염화질소, 과산화수소, 아황산염 등은 반드시 〈식품첨가물공전〉의 기준에 따라 사용해야 한다.

유해증량제

〈식품첨가물공전〉의 기준에 따라 전분, 향신료 등 분말식품의 증량제로 허용된 식품첨가물도 단독 또는 합계된 잔존량이 0.5% 이하여야 한다. 산성백토, 벤토나이트, 규조토 등이 그 예이다.

② 본의 아니게 잔류, 혼입되는 유해물질

잔류농약

우리나라는 「농약관리법」 제15조, 「동법 시행규칙」 제13조제1항에 농약표시(농약명, 품목명, 유효성분 함유량, 적용해충명 등)를 구체적으로 규정하고 잔류농약을 충분히 제거하지 않은 과일이나 채소를 섭취하지 않도록 노력하고 있다. 때문에 농약을 사용하지 않거나 적게 사용하는 친환경 · 유기농 제품의 수요는 계속 증가하는 추세이다.

PCB

일본과 대만에서 제조 중 PCB에 오염된 미강유나 식용유를 섭취한 사람들이 사망하거나 내분비장애 등을 일으키면서 우리나라에서도 1983년부터 변압기나 전기제품에 PCB의 사용을 금지하였다.

3) 감염병과 식중독

감염병이란 '제1군감염병, 제2군감염병, 제3군감염병, 제4군감염병, 제5군감염병, 지정감염병, 세계보건기구 감시대상 감염병, 생물테러감염병, 성매개감염병, 인수(人獸)공통감염병 및 의료관련감염병'을 말하며, 간단히 요약하면 질병 중 전염이 가능한 질병을 말한다. 특정 병원체나 병원체의 독성물질로 인하여 발생하는 질병으로 감염된 사람으로부터 감수성이 있는 숙주(사람)에게 감염되는 질환을 의미한다. 감염병 병원체의 종류로는 세균, 바이러스, 기생충, 곰팡이, 원생동물 등이 있으며, 임상특성으로는 호흡기계 질환, 위장관 질환, 간질환, 급성 열성 질환 등이 있다. 전파방법은 사람 간 접촉, 식품이나 식수, 곤충매개, 동물에서 사람으로 전파, 성적 접촉 등에 의한다. 이에 반하여 식중독이란 '식품의 섭취로 인하여 인체에 유해한 미생물 또는 유독물질에 의하여 발생하였거나 발생한 것으로 판단되는 감염성 질환 또는 독소형 질환'을 의미하며, 사람 간 감염성이 없는 경우가 일반적이나 노로바이러스와 같이 사람 간 감염성이 있는 경우도 있다.

감염병 발생은 병원체, 숙주, 환경 요인으로 구성되어 있으며, 숙주 요인이 약해지거나 병원체가 강해지거나, 환경 요인이 인간에게 해롭게 혹은 병원체에 이롭게 작용하면 발생하게 된다.

감염병의 특성과 질환

구분	특성	질환	
제1군감염병	마시는 물 또는 식품을 매개로 발생하고 집단 발생의 우려가 커서 발생 또는 유행 즉시 방역대책을 수립	· 콜레라 · 장티푸스 · 파라티푸스	· 세균성이질 · 장출혈성대장균감염증 · A형간염
제2군감염병	예방접종을 통하여 예방 및 관리가 가능하여 국가예방접종사업의 대상	· 디프테리아 · 백일해 · 파상풍 · 홍역 · 유행성이하선염 · 풍진	· 폴리오 · B형간염 · 일본뇌염 · 수두(水痘) · B형헤모필루스인플루엔자 · 폐렴구균

제3군감염병	간헐적으로 유행할 가능성이 있어 계속 그 발생을 감시하고 방역대책의 수립이 필요	• 말라리아 • 결핵 • 한센병 • 성홍열 • 수막구균성 수막염 • 레지오넬라증 • 비브리오패혈증 • 발진티푸스 • 발진열 • 쯔쯔가무시증 • 렙토스피라증	• 브루셀라증 • 탄저 • 공수병 • 신증후군출혈열 • 인플루엔자 • 후천성면역결핍증(AIDS) • 매독 • 크로이츠펠트 • 야콥병(CJD, vCJD) 및 변종크로이츠펠트
제4군감염병	국내에서 새롭게 발생하였거나 발생할 우려가 있는 감염병 또는 국내 유입이 우려되는 해외 유행감염병	• 페스트 • 황열 • 뎅기열 • 바이러스성출혈열 • 두창 • 보툴리눔독소증 • 중증급성호흡기증후군(SARS) • 동물인플루엔자인체감염증 • 신종인플루엔자 • 야토병	• 큐열(Q熱) • 웨스트나일병 • 신종감염병증후군 • 라임병 • 진드기매개뇌염 • 유비저 • 치쿤구니야열 • 중증열성혈소판감소증후군(SFTS) • 동물인플루엔자인체감염증 • 신종인플루엔자
제5군감염병	기생충에 감염되어 발생하는 감염병으로 정기적인 조사를 통한 감시가 필요	• 회충증 • 편충증 • 요충증	• 간흡충증 • 폐흡충증 • 장흡충증
지정감염병	제1군감염병부터 제5군감염병까지의 감염병 외에 유행 여부를 조사하기 위하여 감시활동이 필요	• C형간염 • 수족구병 • 임질 • 클라미디아 • 연성하감 • 성기단순포진 • 첨규콘딜롬 • 반코마이신내성황색포도알균(VRSA)감염증 • 반코마이신내성장알균(VRE)감염증	• 메티실린내성황색포도알균(MRSA)감염증 • 다제 내성 녹농균(MRPA)감염증 • 다제내성아시네토박터바우마니균(MRAB)감염증 • 카바페넴내성장내세균속균종(CRE)감염증 • 장관감염증 • 급성호흡기감염증 • 해외유입기생충감염증 • 엔테로바이러스감염증

4) 식중독의 예방관리

식품의약품안전처에서는 안전한 식품섭취를 위한 5가지 방법으로 청결유지, 익히지 않은 음식과 익힌 음식의 분리, 완전히 익히기, 안전한 온도에서 보관하기, 안전한 물과 원재료 사용하기를 들고 있다.

안전한 식품섭취를 위한 5가지 방법(식품의약품안전처)

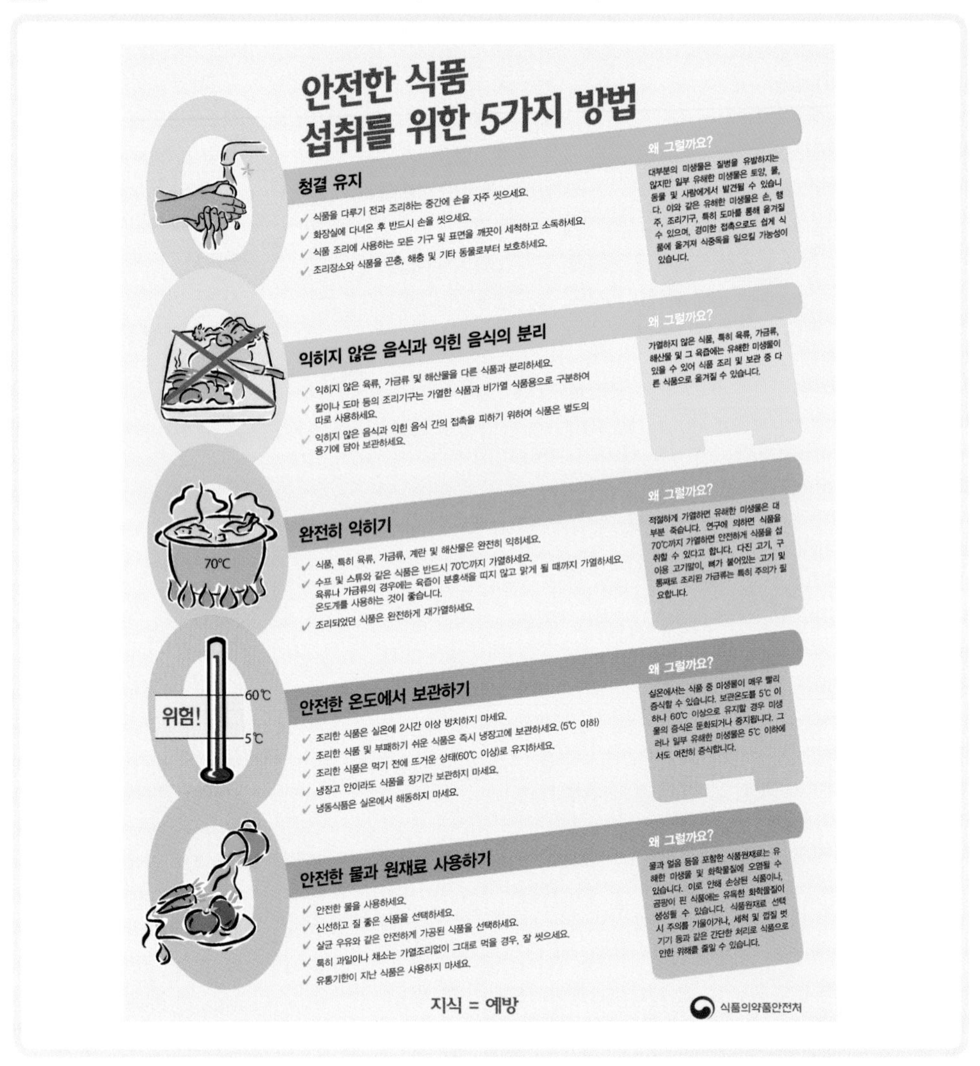

(1) 시간-온도 관리

5~57℃ 사이의 위험온도범위에 식품이 장시간 노출되면 식중독균의 증식가능성이 높아진다. 위험온도범위 이상의 온도에서는 식중독균이 대부분 사멸되지만 포자를 형성하는 일부 식중독은 일반적인 조리온도에서는 사멸되지 않는다. 또한 위험온도 이하의 저온에서는 미생물의 성장을 지연시킬 수 있다. 그러나 가열조리, 냉각, 재가열 등의 상황에서는 어쩔 수 없이 위험온도구간에 노출되나 노출시간을 최소화할 수 있도록 노력해야 한다.

급식조리과정별 시간-온도 관리

입고 및 저장

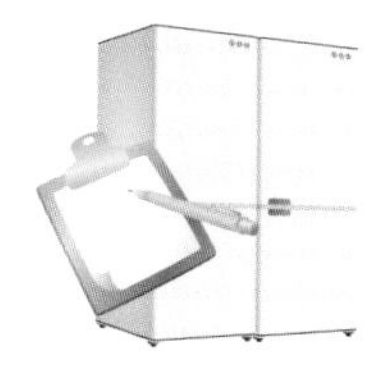

식품	내부온도	시간
냉동식품	-18℃	수주일~수개월
냉장식품	5℃	품질유지가 가능할 때까지
달걀	7℃	유통기한까지

해동

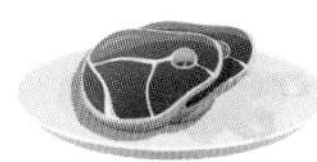

냉동된 식품을 해동할 때에는 위험온도대에 최소한으로 노출하도록 하며 즉석섭취식품은 항상 5℃ 이하가 되도록 한다.

방법	내부온도	시간
냉장고	5℃ 이하	수주일~수개월
21℃의 흐르는 물	5℃ 이하	4시간 이하

가열

식품	최소내부온도	시간
스테이크(약간 익힌 것)	54℃ 60℃	112분 12분
소고기, 돼지고기, 생선	63℃	15초
다진 육류	68℃	15초
스테이크(중간 정도 익힌 것)	63℃	4분
가금류, 속을 채우는 스터핑 요리	74℃	15초

보온

식품	내부온도	시간
보온이 필요한 모든 음식	57℃	5시간 이내

냉온

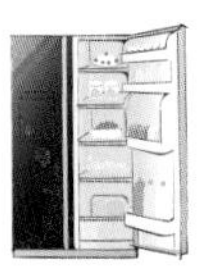

식품	내부온도	시간
냉온이 필요한 모든 음식	5℃ 이하	24시간 이내 또는 유통기한까지

냉각

단계	내부온도	시간
1단계	57~21℃ 이하	2시간 이하
2단계	57~5℃ 이하	6시간 이하

냉동

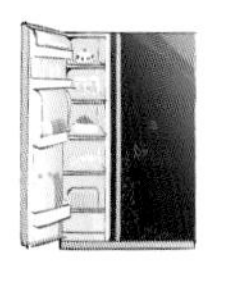

식품	내부온도	시간
냉동식품	-18℃	음식 품질 저하가 일어나지 않을 때까지

재가열

식품	내부온도	시간
재가열	74℃ 이상	2시간 이내

출처 : Supplement to the 2009 FDA Food Code, 2011

(2) 교차오염관리

교차오염이란 음식이 생산되는 과정 중 미생물에 오염된 식품으로 인해 다른 식품이 오염되는 것을 말한다. 교차오염을 방지하기 위해서는 다음과 같은 사항을 준수해야 한다.

- 생식품의 전처리와 조리된 음식을 다루는 도마와 칼은 분리하여 사용한다.
- 적절한 세척 · 소독을 거친 주방기기 및 기구를 사용한다.
- 조리된 음식을 먼저 준비한 후 생식품을 다룬다.
- 생식품과 조리된 음식은 분리 보관하며 냉장보관 시 조리된 음식은 생식품보다 위에 보관한다.
- 개인위생관리와 손 세척을 철저히 한다.
- 조리된 음식을 취급할 때에는 맨손으로 작업하는 것은 피한다.

도마, 칼 사용의 예

도마와 칼의 색	사용 용도
흰색	즉석식품(완제품), 샌드위치, 생으로 섭취하는 채소, 김치류, 과일 등
노란색	오리, 닭 등 가금류
초록색	익혀서 사용할 채소류
갈색	익은 소고기, 돼지고기 썰기
붉은색	익지 않은 소고기, 돼지고기
파란색	생선, 해산물

식품재료별 품질관리 요령

■ 육류	잘못된 취급법	올바른 방법
식중독균 증식 예방	• 상온 방치(실내에 방치)	• 신속히 냉장보관(5℃ 이하) • 신속히 조리
교차오염 방지	• 다른 식재료와 혼합 보관 • 육류 손질 후 손을 씻지 않음 • 육류 취급한 기구·용기를 세척·소독하지 않고 사용	• 전용용기·냉장고에 보관 • 육류 취급 후 철저한 손 세척 • 육류 사용한 용기·기구의 세척·소독 철저 • 전용 칼·도마 사용
가열 철저	• 중심온도가 75℃에 도달하지 않음	• 중심온도 75℃ 이상에서 1분 이상 가열

■ 어패류	잘못된 취급법	올바른 방법
식중독균 증식 예방	• 상온 방치(실내에 방치)	• 신속히 냉장보관(5℃ 이하) • 신속히 조리
교차오염 방지	• 다른 식재료와 혼합 보관 • 어패류를 세척하지 않음 • 어패류 취급 후 손을 씻지 않음 • 어패류 취급한 기구·용기를 세척·소독하지 않고 사용	• 전용용기·냉장고에 보관 • 어패류를 수돗물에 세척 • 어패류 취급 후 철저한 손 세척 • 어패류 사용한 용기·기구의 세척·소독 철저 • 전용 칼·도마 사용
가열 철저	• 중심온도가 85℃에 도달하지 않음	• 중심온도 85℃ 이상에서 1분 이상 가열

■ 난류	잘못된 취급법	올바른 방법
반입 금지 교차오염 방지	• 손상된 달걀 사용	• 손상된 달걀은 선별·제거 • 오염물이 묻은 달걀은 제거 • 달걀 만진 후 손 세척 필수
식중독균 증식 예방	• 상온 방치(실내에 방치)	• 신속히 냉장보관(5℃ 이하)
가열 철저	• 노른자가 덜 익음	• 충분히 가열조리(중심온도 75℃ 이상에서 1분 이상 가열)

■ 채소류	잘못된 취급법	올바른 방법
이물 방지	• 외피를 제거하지 않음	• 외피 제거
교차오염 방지	• 채소, 육류, 어패류 혼합 보관	• 다른 식재료와 구분 보관
식중독균 증식 예방	• 절단 후 실온 보관	• 신속하게 냉장보관(5℃ 이하)
가열 철저	• 세척·소독하지 않음	• 세척·소독 실시(염소살균소독 100ppm 5분간 침지)

■ 유지류	잘못된 취급법	올바른 방법
용기 확인	• 파손된 용기제품 사용	• 용기파손 여부 확인 및 파손 시 사용 금지
산가 확인	• 기름을 재사용하는 경우 사용 전 산화도 측정하지 않음	• 기름을 재사용하는 경우 사용 전 산화도 측정(산가 3.0 이상 시 교환)
산화 방지	• 직사광선에 노출된 장소에 보관	• 빛이 통과되지 않는 용기에 담아 냉암소에 보관
이물 제거	• 튀김기름 사용 후 남은 찌꺼기 방치	• 파조리 중 튀김 찌꺼기는 자주 제거 • 튀김기름 온도 180℃ 이상 가열금지 • 튀김기름 사용 후 남은 찌꺼기 제거

단 / 체 / 급 / 식 / 실 / 무

03

단체급식의 조리기기

03 단체급식의 조리기기

단체급식은 조리시간이 정해져 있어 급식조리종사원은 정해진 시간 내에 목적을 달성하기 위해 급식인원에 따라 대량 조리기기를 선택하여 사용한다.

사용할 기기 선택 시 다음 사항에 유의한다.

- 취급이 간단할 것
- 안전할 것
- 유지비가 적게 들 것
- 수리가 간단할 것
- AS를 위해 신용 있는 상표일 것
- 기계의 유지면적이 적을 것
- 청소가 용이한 것

1 반입, 검수 기기

반입, 검수 단계에서는 검수대와 운반차를 구비하고 급식소에 납품된 식품은 바닥에 방치되지 않아야 한다. 무게를 측정하기 위해서는 저울이 필요하며 적외선온도계 등이 필요하다.

검수대는 청소가 용이하여 세균이 생기거나 교차오염되지 않도록 해야 한다. 검수는 빠른 시간 안에 주문된 내용, 무게, 개수, 식품의 신선도 등을 체크하고 저장 또는 사용 주방으로 이동한다.

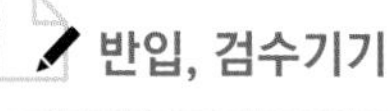

반입, 검수기기

저울　반입용 운반카트(L카)　반입용 운반카트(3단카)　적외선온도계

반입된 식품 중 냉동품은 검수 즉시 냉동실(-5~-20℃)에 보관하거나 당일 사용분만 해동하여 사용이 가능하도록 하며, 냉장(0~10℃)이 필요한 제품은 외부에서 들어온 식품 포장지를 교체하여 냉장고에 보관한다. 실온에 보관해야 하는 건조창고 저장용 식품들은 종류별로 체계적으로 적재하며 해충의 침입을 막기 위해 방충시설 및 방서시설, 온도, 습도를 유지할 수 있도록 환경조건을 맞추어야 한다. 온도는 15~25℃, 습도는 50~60%가 적당하다.

2 전처리기기

단체급식에서 전처리는 많은 비중을 차지하며 이용되는 기기도 다양하다. 싱크대, 작업대, 선반, 세미기, 박피기, 절단기, 블렌더, 믹서, 분쇄기, 골절기, 슬라이서 등이 있다.

1. 세미기

세미기는 대량의 쌀을 빠른 시간에 씻을 수 있는 기기로, 수압식, 전동식, 공기방울식이 있다.

수압에 의한 낙하 차이를 이용한 수압식 세미기는 소량의 쌀을 씻기에 적합하다. 전동식 세미기는 물을 분사함과 동시에 회전봉이 회전하며 세미하는 방식으로 대량의 쌀을 씻을 때 사용하고 공기방울을 이용하여 쌀을 씻는 공기방울식 세미기도 있다.

보통 20kg씩 넣어 쌀을 씻어 불리는데 많은 사람의 밥을 준비해야 하기 때문에 쌀을 씻기에 유용한 기기이다.

세미기

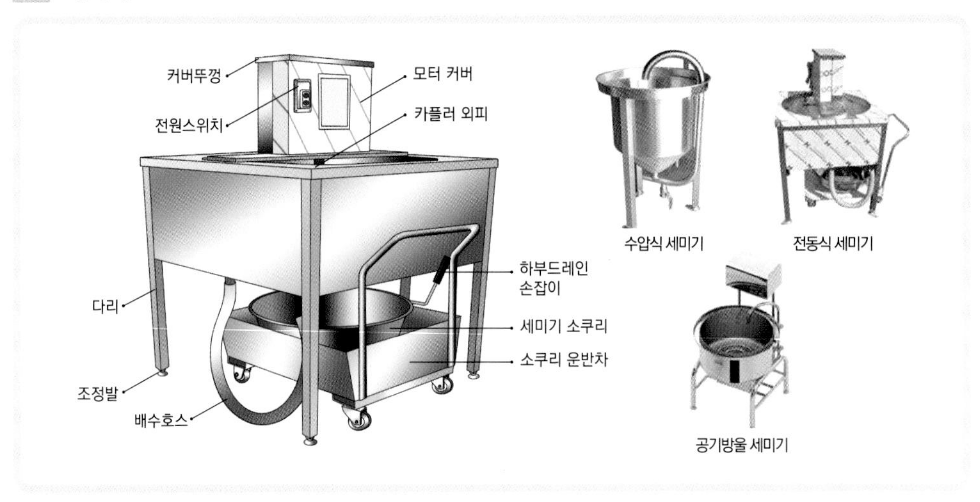

2. 채소절단기

전기 모터를 통해 회전하는 칼날이 내장되어 있어 채소를 여러 종류의 모양이나 크기로 절단해 주는 기계이다. 사람이 절단하는 것보다 일정한 품질로 신속하게 작업할 수

있다. 채소 전처리 목적에 따라 다양한 형태의 칼판이 있으며, 슬라이스용 칼판, 채 칼판, 사각썰기 칼판 등이 주로 사용된다. 사용 후에는 전원을 빼고 기기를 분리하여 세척한다.

3. 파절기

파를 투입구에 넣어주면 전기 모터의 힘으로 회전하는 칼날을 통해 파를 채 써는 기계이다. 사람이 손으로 일일이 파를 썰 필요가 없고, 일정한 간격으로 깔끔하게 단시간에 많은 양의 파를 신속하게 썰 수 있다. 전원버튼, 칼날뭉치 외부덮개, 깔때기(파 투입구) 등으로 구성되어 있으며, 덮개 내부는 파를 일정한 규격으로 잘라주도록 날이 서로 맞물려 회전하는 칼날뭉치(상부/하부) 구조로 되어 있다.

골뱅이무침, 파닭, 파채피자, 파채불고기 등 파채를 많이 사용하는 메뉴들에 유용하다.

4. 감자탈피기

감자 껍질을 제거하기 위한 기기로 20~30kg 용량을 10분 정도에 탈피할 수 있어 효율적이다. 내부에 원통이 있으며 원통 내부 벽면과 회전판이 금강석이 혼합된 재질로 되어 회전하면서 껍질을 벗기는 구조로 되어 있다. 금강석 재질은 각종 세균과 식중독균의 위험이 있어 스테인리스 재질의 타공탈피기를 사용하기도 한다. 또한 탈피기 사용 시 조리장 바닥에 물이 많이 튀므로 미끄러짐 사고에 주의해야 하고, 탈피 후 수작업으로 씨눈을 제거해야 하는 번거로움도 있다.

단체급식에서 감자는 다양하게 사용되며 작업시간을 단축하기 위해 껍질 벗긴 감자를 구매하여 사용하기도 한다.

5. 다짐기

마늘, 생강, 양파, 고추 등의 채소를 곱게 다져주는 기계로 대개 양념용 재료를 만들거나 많은 양의 채소를 분쇄, 혼합하고자 할 때 사용한다. 채소뿐 아니라 육류, 생선류 등 다양한 식품재료와 냉동/냉장류 재료, 잔뼈 등의 분쇄도 가능하다. 전원버튼, 투입구, 배출구, 회전칼날 등으로 구성되어 있고, 용도에 따라 크게 채소용, 육류용으로 구분되며 모양, 크기, 용량 등이 다양하다.

마늘, 생강 같은 경우는 다진 것을 구매하여 사용하기도 하지만 특정지역에서 직거래 등의 계약구매로 직접 갈아서 사용하는 업장들도 있다.

다짐기

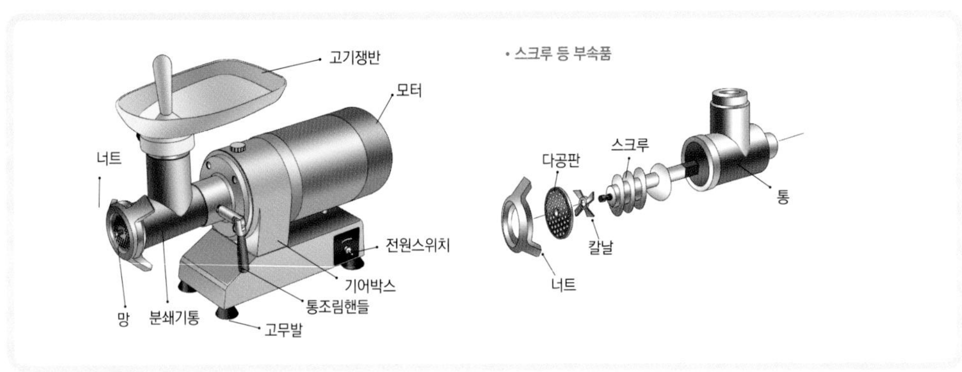

6. 골절기

뼈가 있는 고기 등을 자를 때 사용하는 기계로 보통 정육점, 육가공업체, 식당에서 사용하며, 냉동상태의 육류도 절단이 가능하다. 작동원리는 회전 띠톱에 의해 절단물을 자르는 방식이며, 대체적으로 부피가 크지 않아 좁은 공간에서도 사용이 가능하다. 전원버튼, 회전띠톱, 띠톱풀리(상/하), 작업대, 외부덮개, 톱날 가이드 등으로 구성되며, 덮개 내부의 띠톱이 상/하 풀리에 접착되어 회전하면서 재료를 절단하는 구조이다.

식품재료는 보통 냉동시켜 골절기에 원하는 크기로 손질하여 사용한다. 톱날은 마모되므로 갈아가며 사용한다.

한식에서는 LA갈비, 소갈비, 돼지갈비, 소뼈, 돼지뼈 등을 손질할 때 사용하며, 양식에서는 T-Bone Steak, 소뼈, 돼지뼈 등에 사용한다.

골절기 사용 시 기기에서 절대 시선을 떼면 안 된다. 톱날이 위험하기 때문이다. 따라서 집중해서 사용해야 하며, 원하는 두께(크기)로 절단이 가능하다.

골절기

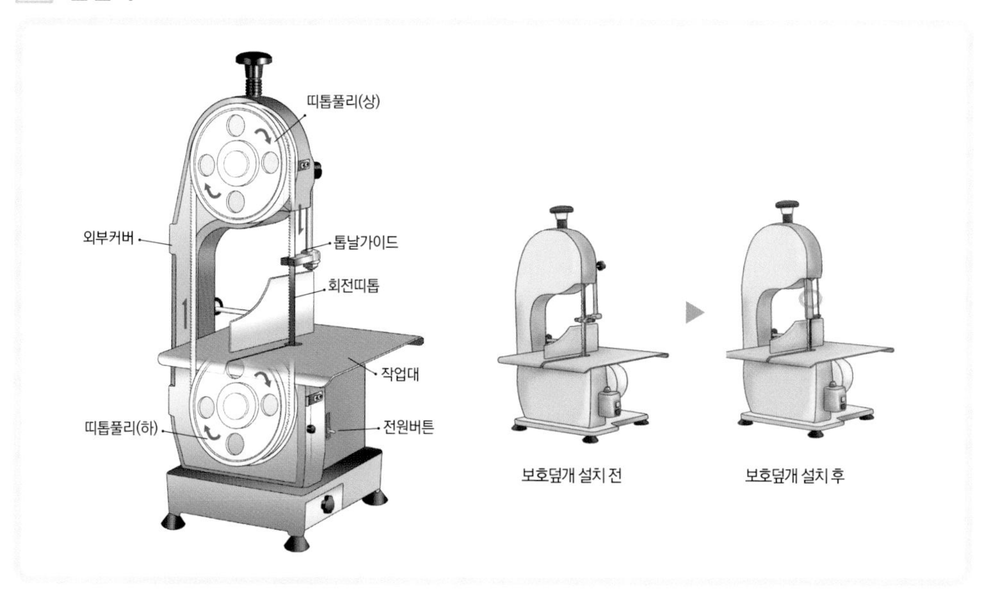

7. 육절기(meat slice)

뼈 없는 고기, 햄과 같은 연육상태의 재료를 자르는 기계로 주로 음식점, 마트 축산코너에서 사용된다. 냉동육은 전용 냉동육절기를 사용해야 하며, 특히 뼈가 있는 고기는 골절기를 사용해야 한다.

고기나 햄, 채소를 얇고 균일하게 썰어야 하는 경우에 사용하며, 식재료 간에 교차오염이 이루어지지 않도록 한 가지 품목을 사용하면 반드시 철저하게 청소하고 다른 식재료를 다루어야 한다.

육절기로 손질한 햄이나 채소 등은 익히는 과정 없이 즉시 섭취할 수 있도록 하는 메뉴가 많기 때문이다.

육절기

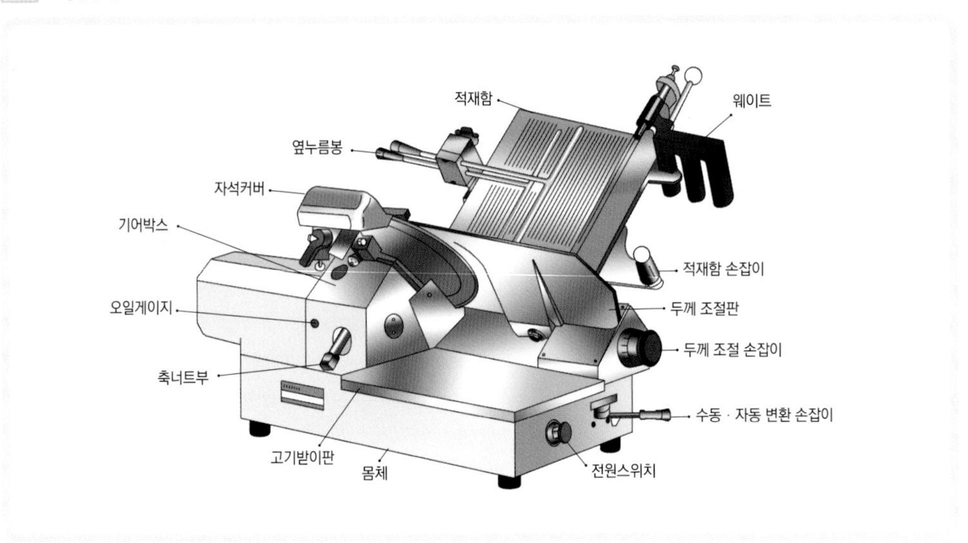

8. 연육기

생선, 고기 등에 칼집을 내어 육질을 부드럽게 만드는 기계로 고기 등이 양쪽 2개의 칼날 롤을 통과하면서 자동으로 칼집이 형성되는 구조이다.

고기 등을 투입할 때는 방망이로 밀어넣어야 하고 내부에 찌꺼기가 자주 끼므로 사용 후 칼날뭉치를 분해 · 세척해야 재사용 시에 용이하다.

연육기를 사용하여 식재료를 준비하는 대표적인 메뉴는 포크커틀릿(돈가스)이다.

- 칼날 또는 톱날에 신체 접촉 방호덮개를 설치한다.
- 식자재 투입 시 미는 봉(판) 등 보조도구를 사용한다.
- 회전 또는 운전(사용) 중 청소를 하지 않는다.
- 손가락 베임 방지용 장갑 등 보호구를 지급 · 착용한다.
- 기계류 이상 작동 시 기계전원 차단 후 완전히 정지된 상태를 확인하고 작업한다.
- 칼날 세척, 교환, 청소 시 반드시 전원 차단 후에 실시한다.
- 칼날 교체, 청소 등 위험작업 시 미숙련근로자에게는 작업을 시키지 않는다.
- 가공 기계류 외함접지 및 누전차단기를 설치한다.

9. 반죽류 가공작업

짜장면, 칼국수 등의 음식을 조리하는 음식점에서는 밀가루 등으로 반죽하는 경우가 많다.

반죽 만드는 방법에는 손으로 직접 면을 만드는 수타방법과 반죽기 등을 이용하여 면을 만드는 방법이 있다.

반죽기를 이용하여 만들어진 반죽은 제면기를 통해 칼국수, 짜장면 등 각종 메뉴의 면으로 가공된다. 반죽기는 전기모터를 이용하여 모터에 연결된 회전날을 통해 반죽을 하는 기계이다. 밀가루와 물의 혼합비를 일정하게 유지하여 손으로 반죽하는 것보다 신속하게 일정한 품질로 많은 양을 반죽할 수 있다.

구조는 전원버튼, 교반기(용기), 고정레버(높이조절핸들), 모터, 보호덮개(안전가드) 등으로 구분되며, 회전하는 날개 축에 의한 자동반죽으로 많은 양의 반죽을 신속하게 생산할 수 있다.

제면기는 밀가루 반죽을 알맞은 두께로 펼쳐서 칼로 자르는 작업을 하는 기계로, 시간과 힘을 절약하고 빠르고 손쉽게 여러 종류의 면을 대량으로 만들 수 있다. 구조는 전원버튼, 절취핸들, 조절핸들, 면판, 롤러, 외부덮개 등으로 구분되며, 작동 원리는 면을 홍두깨로 여러 번 반죽을 미는 형식과 동일하다.

반죽기

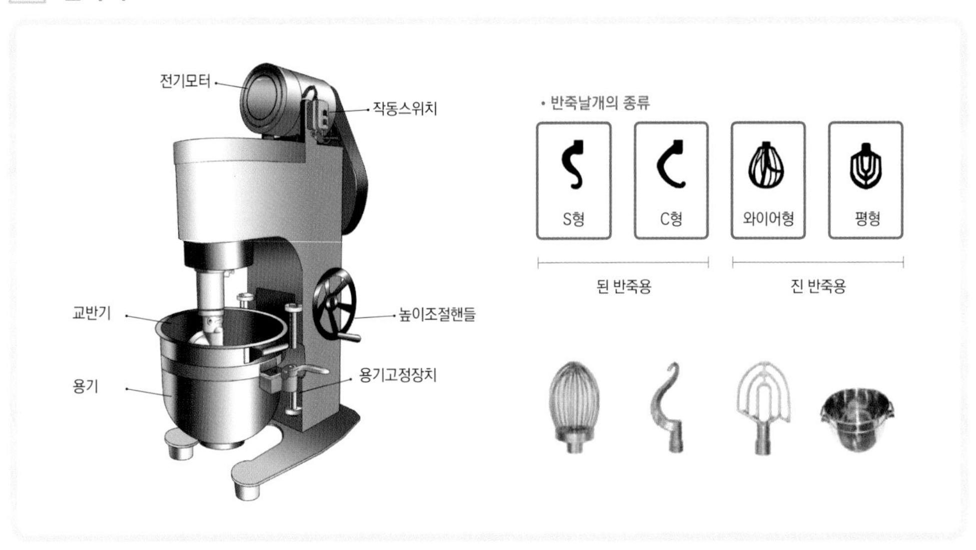

제면기

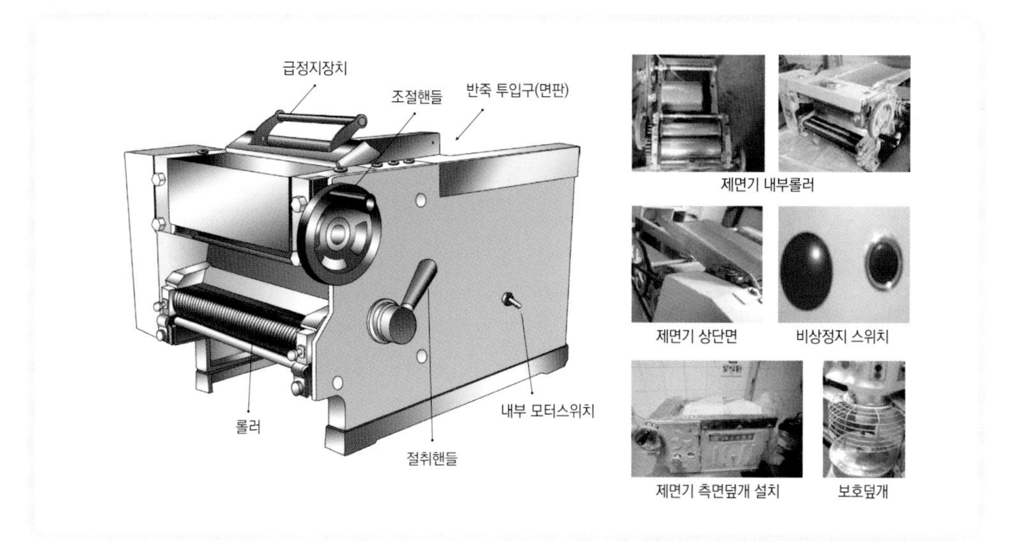

- 재료(반죽) 입구/출구를 제외한 나머지 맞물림 위험이 있는 부위에 보호가드를 설치하여 롤러 노출부를 최소화한다.
- 식자재 투입 시 미는 봉(판) 등에 보조도구를 사용한다.
- 보안경, 작업모, 작업화, 작업복 등 개인보호구를 착용하고 복장을 단정히 한다.
- 기계류 이상 작동 시 기계전원 차단 후 완전히 정지된 상태를 확인하고 작업한다.
- 회전 또는 운전 중에는 청소를 금지하며 세척, 교환, 청소 시 반드시 전원을 차단한 후 청소를 실시한다.
- 반죽용 재료를 과다하게 투입하지 말고, 무리한 힘으로 밀어내지 않는다.

10. 작업대

작업대는 식재료 작업을 수행하거나 기기 등을 올려 작업하는 테이블로 재질은 스테인리스 스틸이 반영구적이고 청소도 용이하며 작업대의 높이는 일반적으로 820~900mm가 적당하다.

3 가열조리기

1. 취반기

취반기는 가스(LPG, LNG) 등을 주연료로 하여 대량의 밥을 짓는 기계를 말한다.

취반기의 구조는 스테인리스 재질의 상판, 측판, 후판, 저판, 도어, 뚜껑, 제어함, 내부솥, 버너, 노즐, 가스배관, 공기조절기, PCB 기판 및 각종 안전장치 등으로 구성되어 있다.

가스취반기는 1단, 2단, 3단 등으로 각 칸마다 취반실이 나누어져 있으며, 최대 50인용 밥솥이 대부분이다. 식수 인원에 따라 밥솥을 몇 단까지 사용할지를 결정하여 취사하며 약 35분이면 밥이 완성된다.

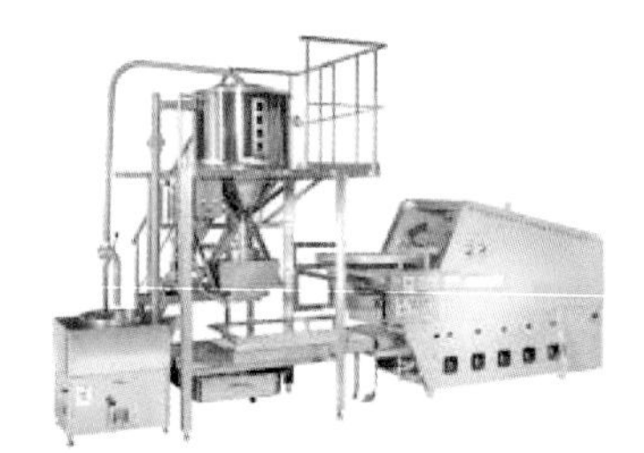

연속취반시스템은 시간당 1,000~2,000명분을 취사할 수 있는 기기로 솥에 깨끗하게 세미한 쌀을 분량의 물과 담아 가스직화식으로 취반, 뜸들이기를 하는 기기로 모든 작업이 컨베이어에 의해 이동되어 자동으로 이루어지므로 조작이 쉽고 인건비가 절약된다.

2. 밥보온고

밥보온고는 취사된 밥의 보온을 위해 사용하는 전기기계기구이다.

밥그릇에 뜨거운 밥을 덜어 보온고에 보관하는 용도로 용량에 따라 차이가 있으나 약 50~100여 개를 보온할 수 있다.

밥보온고는 단시간에 많은 사람에게 식사를 제공할 때 유용하게 사용할 수 있으나, 밥보온고에 너무 오래 보관되었다가 서비스되면 수분증발 및 밥의 품질변화로 손님들의 불만을 살 수 있으므로 적절하게 사용하는 것이 좋다.

3. 가스테이블

가스테이블은 음식점의 조리실에서 취사용으로 사용하는 대표적인 연소기기이다.

육수를 끓이거나 볶고 지지는 등의 다양한 요리를 할 수 있는 설비로 식수인원과 메뉴에 따라 가스테이블을 설비해야 한다.

4. 회전식 국솥

회전식 국솥은 가스(LPG, LNG), 보일러 증기(스팀)를 가열원으로 하여 국을 끓이거나, 조림 또는 죽, 볶음 등의 조리작업 및 조리기구 열탕 소독 시에 사용하는 설비이다.

조리 후 내용물 배출이 용이하도록 솥이 기울어지는 조리기구이며, 단시간에 다량의 음식물을 조리할 수 있고 다목적으로 사용 가능하다.

회전식 가스 국솥은 쇠로 만든 재질이 대부분이고, 스팀솥은 스테인리스 스틸 재질이 대부분이다. 가스솥보다 스팀솥은 음식의 조리속도나 질은 높게 평가받을 수 있으며 청소관리도 용이하지만 초기 설치비용이 높은 것이 단점이다.

회전식 국솥

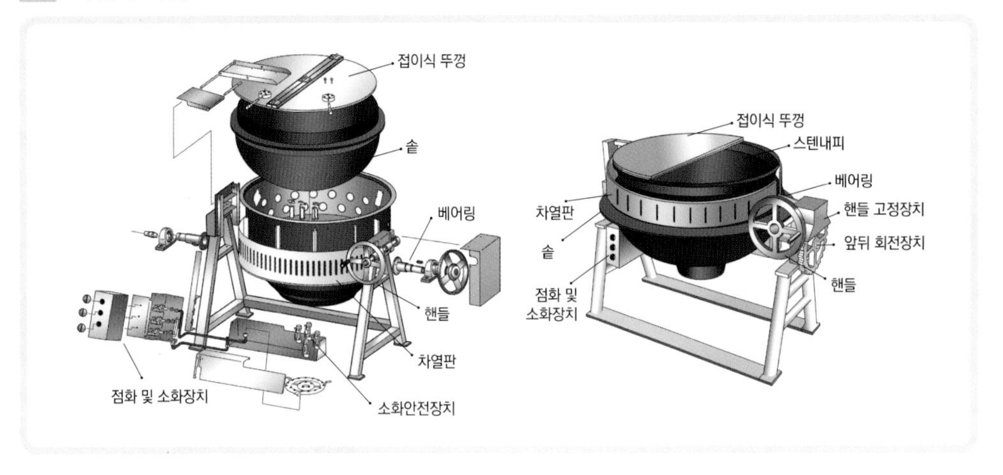

5. 튀김기

기름을 이용하여 튀김조리를 할 수 있게 해주는 기계로 재료를 튀기는 과정에서 발생하는 수분을 감소시켜 제품의 품질을 높이는 한편, 단시간에 대량의 식재료를 간편한 조작으로 조리할 수 있는 기계이다.

튀김기는 자동으로 온도를 맞추어주는 기능이 있어 일정온도에서 튀김을 할 수 있기 때문에 좋은 품질을 만들 수 있다.

LPG, LNG 등의 가스를 이용하거나 전기를 이용하여 식용유가 들어 있는 용기의 바닥을 가열하여 온도를 약 165℃까지 상승시킨 후에 식재료를 식용유에 넣어 튀김음식을 만드는 기계로 통닭 또는 돈가스 등을 대량으로 만드는 튀김전문 식당 등에서 자주 사용하고 있다. 또한, 가정에서 아이들의 간식 준비 혹은 소규모 식당에서 메뉴의 다양화를 위한 가정용 소형 튀김기의 사용이 증가하고 있다.

튀김기

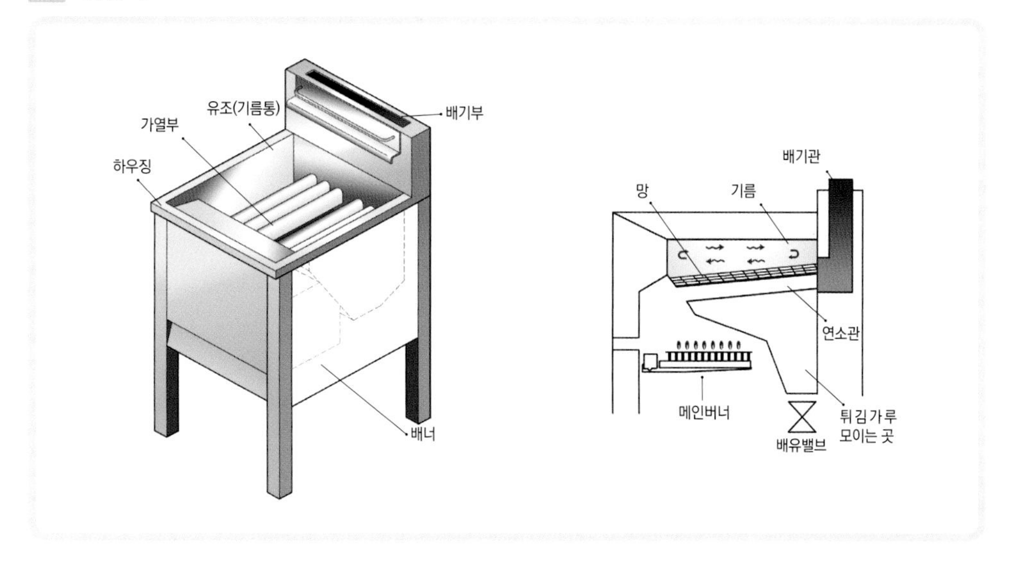

6. 부침기(번철)

부침기란 두꺼운 철판으로 만들어져 육류, 가금류, 채소, 생선 등을 볶을 때나 굽거나, 전류를 부칠 때, 달걀요리를 할 때 등에 사용하는 열조리기구로, 가스 사용형과 전기 사용형의 두 가지가 있다.

부침기는 상부 전면에 사용 중 발생되는 기름을 모을 수 있는 기름도량과 기름통이 부착되며 하부구조는 가스테이블과 동일하다. 상판은 열이 고르게 분포되도록 두꺼운 철판(20~25mm)을 사용한다.

부침기는 사용 후 청소를 실시하여 기름때 등이 남지 않도록 관리해야 하며 청소 후에는 물기를 제거하고 기름으로 코팅해서 사용해야 한다.

부침기

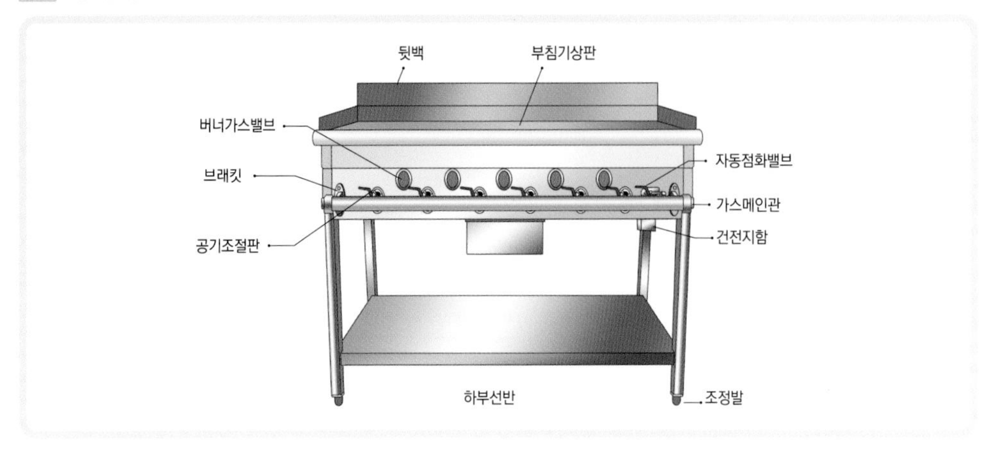

7. 오븐

오븐은 기구 속에 음식을 넣고 사방에서 보내는 열로 음식을 익히는 조리기구의 하나로 짧은 시간에 다양한 종류의 요리를 만들 수 있고, 미리 준비한 음식을 방금 요리한 것 같은 최적의 상태로 재생시킬 수 있다.

오븐은 종류가 다양하므로 각각의 특징을 고려해 적합한 기기를 선정해야 한다.

오븐의 종류는 표준형(레인지 아래 설치되는 형태), 컨벡션, 데크, 로터리, 컨베이어, 마이크로웨이브, 저속 로스팅 등으로 다양한데 가장 많이 쓰이는 것은 콤비오븐기라 불리는 스팀 컨벡션 오븐이다.

컨벡션 오븐은 내부 팬이 장착되어 있어 이 팬이 회전하면서 가열된 공기를 고속으로 순환시키므로 열전달이 촉진되고 조리시간이 단축되는 장점이 있으며, 에너지 효율이 높은 편이고 공간을 많이 차지하지 않아 상업용 급식시설에서 많이 쓰이는 기기의 하나이다.

콤비오븐(스팀 컨벡션 오븐, 다기능오븐)은 컨벡션 오븐과 찜기(스티머)를 결합한 기기로, 열원은 대류열과 스팀 두 가지이다. 비용이 높은 것이 단점이나 다양한 조리가 가능하고 주방공간을 절약할 수 있다는 점에서 많이 사용되고 있다.

4 저장, 보관 기기

1. 저장관리

1) 저장관리의 의의

구매한 물품을 수요자에게 공급할 때까지 일정기간 동안 적절한 방법을 통해 변질이나 손상되지 않는 원상태 그대로의 품질과 수량으로 보존관리하는 것을 저장관리라고 한다.

일반적으로 검수가 완료된 물품은 그 종류와 특성에 맞게 최상의 품질을 유지하기 위해 최적의 상태로 저장관리하게 되는데, 이때 입고관리, 출고관리, 재고관리의 업무가 이루어진다.

저장관리의 목적은 다음과 같다.

- 적정재고량의 유지
- 도난 및 부패 방지
- 체계적이고 위생적인 물품의 분류 및 적재 · 보존
- 적정재고량의 유지
- 원활한 입 · 출고 업무의 수행
- 자산의 보존

2) 저장관리의 원칙

저장기간 중 발생할 수 있는 물품의 품질유지비용 등을 최소화하기 위해 저장관리담당자는 다음의 저장관리 원칙을 반드시 고려해야 한다.

(1) 위치 표식화의 원칙

저장해야 할 물품은 품목별, 규격별, 품질 특성별로 분류한 후 저장고 내의 일정한 위치에 표식화하여 저장한다. 표식화는 물품을 찾을 때 용이하고 재고조사 시에도 혼란과 복잡함을 줄여주며 시간과 노력을 최소화할 수 있다.

(2) 분류저장의 원칙

저장고에 물품을 저장할 때에는 품목별로 분류한 후 입출고의 빈도수, 가나다순, ABC 순 등으로 정렬하여 저장한다.

(3) 선입선출의 원칙

선입선출(first-in-first-out: FIFO)의 원칙이란 저장시설에 먼저 입고된 물품이 먼저 출고되어야 한다는 원칙이다. 즉, 물품 적재 시 저장관리자는 저장식품의 유통기한을 고려해서 나중에 입고된 물품은 현재 보관 중인 물품의 뒤쪽에 적재하고 유효일자나 입고일을 기록함으로써 선입선출에 따라 출고관리가 이루어지도록 한다.

(4) 품질보존의 원칙

식품을 납품된 상태 그대로 품질과 수량의 변화 없이 보존해야 한다는 원칙이다.

저장실은 온도, 습도, 통풍 등을 세심하게 관리하고 구서 · 구충 등의 기능을 갖춘 시설을 활용하여 품질변화를 최소화해야 한다. 또한 물품의 도난이나 부정유출을 방지하기 위해 저장창고에 잠금장치를 설치하고 출입을 제한한다.

(5) 공간활용 극대화의 원칙

물품을 저장하기 위해서는 물품의 양과 부피를 수용할 수 있는 점유공간과 물품을 운반할 수 있는 이동공간 등 충분한 공간 확보가 필수적이다. 하지만 과도한 공간확보는 급식소의 관리비용을 상승시킨다. 따라서 확보된 공간의 활용을 극대화함으로써 경제적 효과를 높여야 한다.

2. 저장시설

저장시설은 식품이나 물품을 보관 및 적재하는 제반시설로서 물품에 따라 상온저장시설(건조창고), 냉장저장시설, 냉동저장시설로 구분한다.

1) 저장시설의 조건

(1) 위생성

저장고는 우선 청결과 정리 · 정돈상태의 유지가 기본적으로 선행되어야 하고, 쥐 · 바퀴벌레 · 곤충 · 세균 · 곰팡이 등 구서 · 구충시설과 미생물 오염방지 등 위생관리에 만전을 기해야 한다. 특히 적절한 온도 및 습도 관리, 원활한 통풍 · 채광 등 여러 가지 기능을 발휘할 수 있는 시설구비와 관리가 이루어져야 한다.

(2) 안전성

저장고의 안전성은 주로 시설관리가 핵심인데 안전사고에 대비한 인원, 물품의 적재방법, 선반, 설비, 사다리, 냉동 및 냉장시설 내부에 설치된 개폐장치, 소화기의 배치 등 안전관리에 세심한 주의를 기울여야 한다.

(3) 보안성

저장고의 책임자는 열쇠관리, 출입자의 제한, 비상용 열쇠 등 저장고 내의 자산관리에 만전을 기해야 한다.

(4) 배열성

저장고 내 물품의 구획별 배치, 순서에 의한 진열 및 적재, 사용빈도에 따른 분리저장 등 합리적이고 효율적인 관리운영이 필요하다.

(5) 접근성

식품저장고의 위치는 취급품목, 거래량, 입출고 빈도수, 구매정책 등에 따라 다르지만, 일반적으로 다음과 같다.

- 입 · 출고관리가 용이한 장소에 위치
- 신속한 저장이 가능하고 부서 간의 업무협조가 편리한 위치
- 건물 내 동일 층에 검수구역 · 생산구역 · 저장고가 있으면 유리
- 운반동선을 고려할 때 납품장소와 저장고가 가능하면 직선 단거리에 위치
- 검수구역과 생산구역의 인접거리에 위치

3. 저장시설의 종류

1) 건조창고

건조창고는 보관식품의 성격에 따라 양곡창고, 건채소창고, 조미료창고, 가공식품창고, 세제 등의 비품 및 주방용 소기구와 식기창고로 분류하는데 유사한 품목들은 함께 보관하여 공간을 절약할 수도 있다.

건조창고는 해충의 침입을 막기 위한 방충시설 및 방서시설과 적정온도 및 습도를 유지할 수 있는 환경조건을 갖추어야 한다. 대체로 건조창고의 온도는 15~25℃, 습도는 50~60%가 적당하다. 온도계와 습도계를 설치하여 각 공간의 온도와 습도를 관리하고, 채광과 통풍상태를 잘 유지하고 공기순환을 위해 환풍시설을 설치한다. 자연환기를 위해 천장으로부터 30~50cm 떨어진 위치에 창문을 설치하고 방충망 및 잠금장치를 단다.

또한 직사광선 투과를 최소화할 수 있도록 설계한다.

선반은 스테인리스 스틸 재질을 사용하여 최소한 벽면에서 15cm, 바닥에서 25cm 떨어진 곳에 설치한다. 선반의 폭은 60cm 이내가 사용하기 편리하며 1단에는 무거운 식품을 저장하고 2단과 3단에는 비교적 가볍고 자주 사용하는 식품을 저장한다. 설탕 및 밀가루 등 습기를 잘 흡수하는 식품은 선반의 높은 곳에 보관하고 창고 바닥에 방치하는 일이 없어야 한다. 벽면은 방수용 페인트로 도색하여 습기가 생기지 않도록 하며 바닥은 미끄럽지 않으면서 청소가 쉬운 재질로 설비한다.

식품의 유형에 따라 체계적으로 적재하며, 물품 정면에 라벨을 붙여 재고조사나 출고 시에 시간과 노력을 줄이도록 한다. 건조식품 외의 비누, 소독제, 살충제 등의 화학물질은 분리하여 저장한다.

2) 냉장고

냉장고는 온도 0~5℃, 상대습도 75~95%를 유지하는 저장시설로서 주로 냉장 육류, 유제품류, 채소 및 과일류 등의 비저장성 식품의 단기간 저장 시에 이용한다. 해당품목들은 검수 즉시 냉장저장하고 사용 직전에 출고함으로써 품질을 그대로 유지하고 영양가의 손실을 최소화해야 한다. 냉장고의 규모와 종류는 급식소의 규모와 구매방침 등에 따라 달라지는데 일반적으로 급식소에서 이용하는 냉장고에는 창고식 대형 냉장고, 편의형 소형 냉장고, 양문형 냉장고 등이 있다. 워크인 냉장고의 문은 안에서도 오픈이 가능해야 하고 조명이나 신호장치에 의해 냉장고 안에 사람이 있음을 알릴 수 있어야 한다. 냉장고 안은 1개 이상의 온도계를 설치하여 하루 2회 이상 정기적으로 내부 온도를 점검한다.

3) 냉동고

냉동고는 －20~-5℃에서 장기간의 저장을 요하는 식품에 이용되며, 내부온도는 항상 －18℃ 이하를 유지해야 한다. 냉동식품도 검수 즉시 냉동실로 옮기고 해동한 식품은 재냉동하지 말아야 한다. 정기적으로 성에를 제거하여 정상적으로 작동하는지 확인해야 한다. 냉동저장은 장기보관에 유리하지만 저장기간이 길어질수록 품질저하의 우려가 있으며 특히 냉동상 등에 주의해야 한다. 냉장고와 냉동고는 가급적 열원과 멀리 떨어진 장소에 설치하며, 정기적으로 점검과 청소를 실시한다.

냉장 · 냉동고 온도관리 기록지

<table>
<tr><th colspan="10">냉장·냉동고 온도관리 기록지</th></tr>
<tr><th rowspan="3">요일
(일자)</th><th rowspan="3">확인
시간</th><th colspan="4">온도(℃)</th><th rowspan="3">청결도
확인</th><th rowspan="3">덮개
확인</th><th rowspan="3">분리보관
여부</th><th rowspan="3">점검자
서명</th></tr>
<tr><th colspan="2">식품저장용</th><th rowspan="2">보존
식용</th><th rowspan="2">비고</th></tr>
<tr><th>냉장고</th><th>냉동고</th></tr>
<tr><td rowspan="3">월
(/)</td><td></td><td></td><td></td><td></td><td></td><td></td><td></td><td></td><td></td></tr>
<tr><td></td><td></td><td></td><td></td><td></td><td></td><td></td><td></td><td></td></tr>
<tr><td></td><td></td><td></td><td></td><td></td><td></td><td></td><td></td><td></td></tr>
<tr><td rowspan="3">화
(/)</td><td></td><td></td><td></td><td></td><td></td><td></td><td></td><td></td><td></td></tr>
<tr><td></td><td></td><td></td><td></td><td></td><td></td><td></td><td></td><td></td></tr>
<tr><td></td><td></td><td></td><td></td><td></td><td></td><td></td><td></td><td></td></tr>
<tr><td rowspan="3">수
(/)</td><td></td><td></td><td></td><td></td><td></td><td></td><td></td><td></td><td></td></tr>
<tr><td></td><td></td><td></td><td></td><td></td><td></td><td></td><td></td><td></td></tr>
<tr><td></td><td></td><td></td><td></td><td></td><td></td><td></td><td></td><td></td></tr>
<tr><td rowspan="3">목
(/)</td><td></td><td></td><td></td><td></td><td></td><td></td><td></td><td></td><td></td></tr>
<tr><td></td><td></td><td></td><td></td><td></td><td></td><td></td><td></td><td></td></tr>
<tr><td></td><td></td><td></td><td></td><td></td><td></td><td></td><td></td><td></td></tr>
<tr><td rowspan="3">금
(/)</td><td></td><td></td><td></td><td></td><td></td><td></td><td></td><td></td><td></td></tr>
<tr><td></td><td></td><td></td><td></td><td></td><td></td><td></td><td></td><td></td></tr>
<tr><td></td><td></td><td></td><td></td><td></td><td></td><td></td><td></td><td></td></tr>
<tr><td colspan="2">관리기준</td><td colspan="8">- 냉장실 5℃ 이하, 냉동실 -18℃ 이하
- 냉장·냉동고가 2개 이상일 경우, 각각의 냉장고에 대해 작성</td></tr>
<tr><td colspan="2">검색방법</td><td colspan="8">- 냉장·냉동고의 온도 측정
- 빈도: 1식 제공 시 2회/일(출근 후, 퇴근 전)</td></tr>
<tr><td colspan="2">개선조치</td><td colspan="8">- 냉장·냉동고 온도 조정</td></tr>
</table>

4. 저장방법

구입한 식재료는 식품과 비식품(소모품)으로 구분하여 보관하고 이미 세척된 채소 및 가열식품과 별도로 관리하며 세척제, 소독제 등은 별도 보관한다. 모든 식품은 반드시 소독된 보관용기에 뚜껑을 덮어두거나 위생적으로 잘 포장하여 보관하도록 한다. 대용량 제품을 나누어 보관하는 경우 제품명과 유통기한을 반드시 표시하고 유통기한이 보이도록 진열한다. 또한 입고 순서대로 사용하는 선입선출의 원칙이 잘 지켜지도록 한다.

냉장 · 냉동고에 식품을 보관할 경우에는 반드시 제품의 표시사항을 확인하고, 표시사항의 보관방법에 따라 알맞게 보관한다. 해동된 식재료는 바로 사용하고 다시 냉동해서는 안 된다. 온도계를 설치하여 냉동고는 －18℃ 이하로 유지시키고, 냉장온도는 0~5℃로 유지시키는 것이 바람직하다. 냉장 · 냉동고는 정기적으로 스케줄표를 만들어 청결하게 관리하고 냉동고의 경우에는 정기적인 성에 제거를 통해 식품의 안전과 품질을 유지할 수 있도록 한다. 냉장고나 냉동고는 문의 개폐에 따라 온도가 상승할 수 있으므로 최대한 신속하게 여닫고 횟수도 최대한으로 줄인다. 또한 다량의 식품을 수납할 경우 냉기의 대류에 방해가 되므로 용량의 70% 이하, 창고형의 경우 40% 이하를 보관함으로써 적정온도를 유지한다.

가열한 음식은 즉시 냉각하여 냉장 또는 냉동 보관한다. 익힌 음식과 날 음식을 별도의 냉장고에 보관하여 교차오염을 방지한다. 만약 냉장고를 1대로 사용한다면 익힌 음식과 채소, 가공식품 등은 냉장고 상단에 보관하고 생선 · 육류 등 날 음식은 냉장고 하단에 보관여야 한다. 보관 시에는 품목명과 날짜를 표시한 네임태그를 붙이고, 개봉하여 일부 사용한 통조림은 깨끗한 용기에 담아 개봉한 날짜와 품목명, 원산지 등을 표시하고 냉장 보관한다. 또한 상하기 쉬운 채소 · 과일은 매일 신선상태를 확인한다.

상온창고에 물건을 저장할 때는 식품과 식품 이외의 물품을 각각 다른 장소에 보관하며, 창고는 깨끗하고 건조하며 해충과 쥐 등으로 오염되지 않도록 방충망과 방서망 등으로 철저히 관리하여야 한다. 온도는 10~20℃, 습도는 50~60%가 되도록 유지하며, 통풍과 채광조절이 용이하도록 한다. 식품보관 선반은 벽과 바닥으로부터 15cm 이상 거리를 둔다. 직사광선을 피하기 좋은 곳에 보관하고 외포장을 제거한 뒤 보관한다. 식품은 항상 정리정돈 상태를 유지해야 한다.

5 쿨링기기

열을 가하여 만든 음식을 차게 식혀 배식을 하거나 보관하기 전 단계에서 사용하는 기기설비이다.

냉기 팬이 돌아서 뜨거운 음식을 빠르게 식혀 위생상 미생물의 발생으로부터 안전하게 하고 음식의 품질을 높이는 데 활용한다.

보통의 업장에서는 얼음물에 육수 등을 식히는 것이 보편화되어 있으나 대형화된 업장에서는 쿨링기 사용이 많아지고 있다.

음식 고유의 색을 유지하는 데 도움이 되며 오버쿠킹되는 것을 막아주는 역할을 하기도 한다.

6 배선기기 : 배식대

배식대는 뷔페음식점, 단체급식소 등에서 배식을 위해 이용하는 기기로 전기나 온수, 얼음을 이용해 온도를 유지한다. 보온 · 보냉 배식대와 같은 배식기기는 음식을 가열하거나 냉각시키기 위한 기기가 아니라 음식의 온도를 유지하기 위한 기기이다.

7 세정기기 : 식기세척기

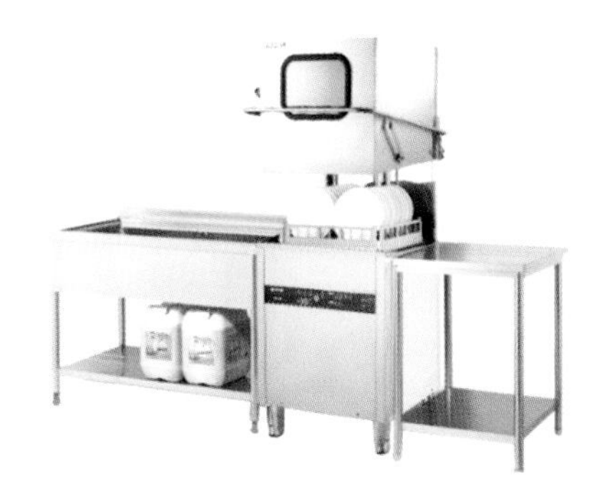

식기의 세척 및 건조작업은 인력에 의한 작업과 식기세척기 등 기계기구를 이용한 작업으로 나뉜다. 작업효율, 세척시간 및 조리실 공간확보 등의 이유로 인력에 의한 세척작업보다는 식기세척기 등을 이용한 세척 및 건조작업이 점차 확대되고 있다.

식기세척기는 음식점이나 단체급식소 등에서 회수되는 식기를 물리적, 화학적 작용에 의하여 자동 세척, 건조하는 설비이다.

식기세척기는 내부로 세척수를 공급하는 급수구를 통해 유입된 세척수를 모이도록 하는 집수부가 설치되고, 상기집수부에 모인 세척수를 식기세척기의 상부와 하부에 각각 설치된 상부 살수로터의 상부분사구와 하부 살수로터의 하부분사구로 토출되도록 공급관을 통해 공급하는 살수펌프가 설치되며, 상기 살수펌프에 의해 상부분사구와 하부분사구로 토출된 세척수가 배수관을 통해 식기세척기 외부로 배출되도록 구성되어 있다.

식기세척기는 소독방식, 탱크의 수, 세척기에 식기를 넣는 방식에 따라 구분하고 형태에 따라 도어형, 랙 컨베이어형, 플라이트형 식기세척기 등으로 나뉘며 소독방식에 따라 온수 소독 식기세척기와 화학 소독 식기세척기로 구분할 수 있다.

그러나 사용자가 식기나 조리도구를 씻지 않고 세척기에 넣어 세척하면 순환되는 물에 의해 세척이 이루어지기 때문에 비위생적으로 처리될 수 있다. 세척이 필요한 모든 식기는 1차 세척을 한 후 식기세척기에 넣어야 한다는 것을 반드시 명심해야 한다.

8 소독기기

단체급식에서는 급식자의 컵, 조리용 도마, 칼, 조리도구, 배식도구 등을 소독기기에 넣어 급식자가 안전하게 식사할 수 있도록 한다. 또한 식기세척기에 의한 소독도 일부는 가능하다.

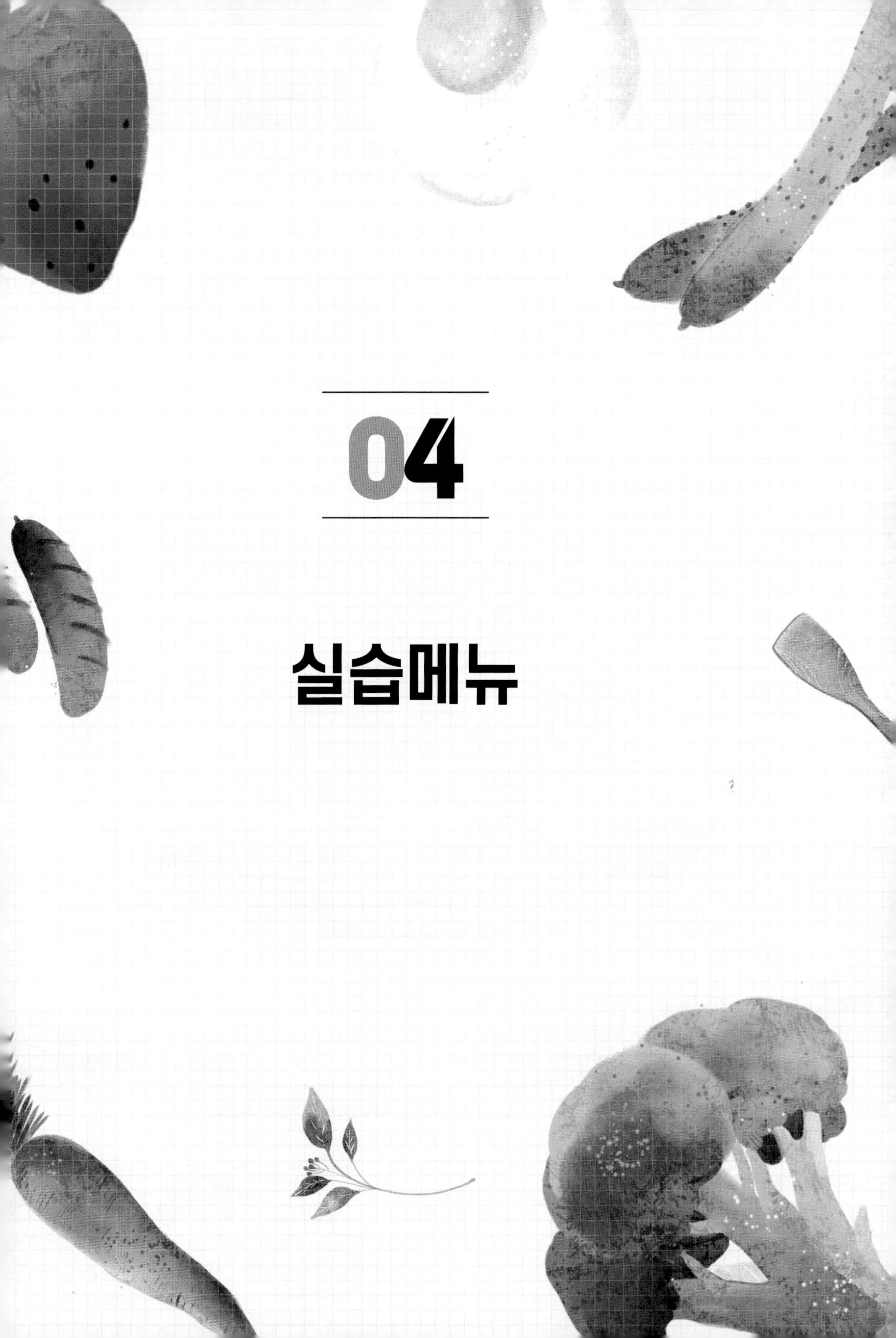

04

실습메뉴

일품 요리

스테이크파스타

• 재료 • 100인분

소고기(볶음용) 10kg
파스타면 10kg
토마토소스(캔) 6kg
양송이버섯 4kg
양파 3kg
홍파프리카 2kg
청피망 2kg
케첩 1kg
올리브유 1L
소금 300g

스테이크소스

돈가스소스 6kg
케첩 2kg
우유 2L
버터 500g
통후추 300g
설탕 200g

• 만드는 법 •

1 양파, 청피망, 홍파프리카는 채 썰고, 양송이는 사방 1cm로 썬다.
2 파스타는 소금을 넣고 8분간 삶아 올리브유로 코팅한다.
3 소고기(등심/채끝)는 소금, 후춧가루를 뿌려 20분간 재운 후 팬에 볶아 놓는다.
4 팬에 올리브유를 두르고 양파, 청피망, 홍파프리카, 양송이버섯을 볶아내고, 파스타, 소고기를 볶아 스테이크소스를 넣어 으깬 통후추를 곁들여 완성한다.

스테이크소스 만들기

1 통후추는 도마 위에 놓고 으깬다.
2 팬에 버터를 두르고 돈가스소스, 케첩, 우유, 설탕을 넣어 끓인 후 농도를 맞춘다.

Tip

- 고기 해동방법 : 1일 전 냉동 → 냉장고/조리 1~2시간 전 상온에서 자연 해동한다.
- 간장소스 비율 = 진간장 1 : 물 4~5 : 설탕 1~1.5 (특식/연회 메뉴구성으로 좋다)
- 소고기, 채소는 단시간에 살짝 볶는다.

주의사항

- 채소의 식감을 살리기 위해 파스타가 식은 후에 섞어주면 좋다.

Memo

불고기파스타 / 토마토소스

일품요리

• 재료 • 100인분

소고기(볶음용) 10kg
파스타면 10kg
토마토소스(캔) 6kg
양파 3kg
홍파프리카 2kg
청피망 2kg
케첩 1kg
올리브유 1L
소금 300g

불고기양념장

진간장 1L
마늘 1kg
설탕 1kg
후춧가루 200g
참기름 200ml
정종 300ml
물엿 500ml
키위 10개
물 5L

• 만드는 법 •

1 양파, 청피망, 홍파프리카는 가늘게 채 썬다.
2 파스타는 소금을 넣고 8분간 삶아 올리브유로 코팅한다.
3 소고기(볶음용)는 불고기양념장에 20분간 재우고 팬에 볶는다.(연육작용)
4 팬에 올리브유를 두르고 양파, 청피망, 홍파프리카를 볶아내고 케첩, 토마토소스를 넣어 센 불에 조린 후 볶아놓은 채소, 파스타와 섞어 완성한다.

불고기양념장 만들기

1 마늘, 키위는 믹서기에 곱게 간다.
2 진간장, 마늘, 설탕, 후춧가루, 참기름, 물엿, 정종, 키위, 물(5L)을 골고루 섞어 양념장을 만든다.

• 고기 해동방법 : 1일 전 냉동 → 냉장고/조리 1~2시간 전 상온에서 자연 해동한다.
• 간장소스 비율 = 진간장 1 : 물 4~5 : 설탕 1~1.5 (특식/연회 메뉴구성으로 좋다)
• 소고기, 채소는 단시간에 살짝 볶는다.

주의사항

• 불고기는 토핑으로 올려준다.
• 채소의 식감을 살리기 위해 파스타가 식은 후에 섞어주면 좋다.

Memo

소고기파스타 / 갈릭소스

일품 요리

소고기(볶음용) 10kg
파스타면 10kg
양송이버섯 4kg
마늘 3kg
양파 3kg
베이비채소 3kg
홍파프리카 2kg
청피망 2kg
올리브유 2L
버터 500g
파슬리가루 200g
소금 100g

양념장

키위 8개
물 500ml
정종 300ml
설탕 300g
소금 200g
후춧가루 30g

• 만드는 법 •

1. 마늘은 편 썰고, 양파, 청피망, 홍파프리카는 채 썬다.
2. 파스타는 소금을 넣고 8분간 삶아 올리브유로 코팅한다.
3. 소고기(볶음용)는 양념장에 20분간 재운 후 팬에 볶는다.(연육작용)
4. 팬에 버터를 두르고 마늘, 양송이버섯을 볶아 건져낸 뒤 올리브유를 두르고 양파, 청피망, 홍파프리카, 파스타를 볶은 후 소금, 후춧가루로 간한다.
5. 볶아놓은 마늘, 양송이버섯, 소고기와 섞은 후 베이비채소, 파슬리가루를 올려 완성한다.

양념장 만들기

1. 키위는 믹서기에 곱게 간다.
2. 키위, 정종, 설탕, 소금, 후춧가루, 물(500ml)을 골고루 섞어 갈릭소스를 만든다.

- 고기 해동방법 : 1일 전 냉동 → 냉장고/조리 1~2시간 전 상온에서 자연 해동한다.
- 대량조리 시 채소, 소고기, 파스타를 따로 볶아 섞어주면 좋다.(특식/연회 메뉴구성으로 좋다)

주의사항

- 채소의 식감을 살리기 위해 파스타가 식은 후에 섞어주면 좋다.

Memo

소고기오믈렛

• 재료 • 100인분

소고기(볶음용) 8kg
달걀 100개
양파 4kg
양송이버섯 4kg
홍파프리카 3kg
청피망 3kg
우유 2L
올리브유 1L
요리소스 500ml
마늘 500g
소금 500g
후춧가루 50g

오믈렛소스

케첩 6kg
돈가스소스 2kg
설탕 500g

• 만드는 법 •

1 마늘은 곱게 다지고 양파, 청피망, 홍파프리카는 0.5cm×0.5cm로 자르고 양송이버섯은 편 썬다.
2 소고기(볶음용)는 다진 마늘, 소금, 후춧가루, 요리소스로 밑간한다.
3 달걀은 풀어 고운 망에 걸러 알끈을 제거하고 우유, 소금을 넣어 원형 프라이팬에 스크램블을 만든다.
4 팬에 올리브유를 두르고 준비한 채소와 버섯을 볶아 식히고, 밑간한 소고기(볶음용)를 볶아 오믈렛소스, 채소, 버섯을 넣어 섞는다.
5 뜨거운 밥에 준비한 오믈렛소스를 넣고 골고루 버무린다.
6 용기에 밥을 담고 스크램블을 올려 완성한다.

오믈렛소스 만들기

1 케첩, 돈가스소스, 설탕을 골고루 섞어 오믈렛소스를 만든다.

• 고기 해동방법 : 1일 전 냉동 → 냉장고/조리 1~2시간 전 상온에서 자연 해동한다.
• 기호에 따라 돈가스소스/케첩을 곁들이면 좋다. (특식/일품 메뉴구성으로 좋다)

주의사항

• 채소가 무르지 않도록 살짝 볶아 식힌다.

Memo

깐풍버섯덮밥

• 재료 • 100인분

소고기(볶음용) 10kg
새송이버섯 4kg
표고버섯 4kg
양파 3kg
양송이버섯 2kg
팽이버섯 2kg
당근 2kg
청고추 1kg
홍고추 1kg
청양고추 1kg
부추 1kg
식용유 500ml
참기름 50ml
소금 50g

깐풍소스

물 5L
굴소스 2L
설탕 1kg
전분 1kg
진간장 500ml
마늘 200g
생강 20g
후춧가루 10g

Memo

• 만드는 법 •

1 청고추, 홍고추, 청양고추는 1cm×1cm로 자르고 당근, 양파는 채 썬다.
2 새송이버섯, 표고버섯, 양송이버섯은 채 썰고 팽이버섯은 찢고, 부추는 5cm로 잘라 깨끗이 씻어 물기를 제거한다.
3 팬에 식용유를 두르고 양파, 당근, 청·홍고추, 청양고추를 볶아내고 새송이버섯, 표고버섯, 양송이버섯, 소고기를 볶은 후 물(200ml)을 넣어 끓으면 깐풍소스로 농도를 맞추고 소금, 참기름으로 간한다.
4 볶아놓은 채소와 부추, 팽이버섯을 넣어 완성한다.

깐풍소스 만들기

1 마늘, 생강은 곱게 다진다.
2 굴소스, 진간장, 마늘, 생강, 설탕, 후춧가루, 전분, 물(5L)을 넣고 섞는다.

• 고기 해동방법 : 1일 전 냉동 → 냉장고/조리 1~2시간 전 상온에서 자연 해동한다.
(특식/연회 메뉴구성으로 좋다)

주의사항

• 채소색이 선명하도록 센 불에서 단시간 볶는다.
• 소스가 짜지 않도록 한다.

닭순살덮밥

일품 밥류

• 재료 • 100인분

닭(순살) 15kg
새송이버섯 6kg
양파 4kg
대파 3kg
김가루 500g
올리브유 500ml
소금 300g
참기름 200g

소스

물 5L
진간장 1L
요리소스 1L
정종 500ml
물엿 500ml
설탕 500g
마늘 500g
생강 200g
후춧가루 20g

• 만드는 법 •

1 마늘, 생강은 곱게 다지고, 양파는 채 썰고, 대파는 탕파로 썬다.
2 새송이버섯은 반으로 갈라 편 썰기 하여 끓는 물에 데친 후 물기를 제거한다.
3 끓는 물에 소금을 넣고 닭(순살)을 데쳐 잡내를 제거하여 찢는다.
4 팬에 올리브유를 두르고 닭(순살), 새송이버섯, 양파를 센 불에서 볶은 후 소스, 참기름, 대파를 넣고 골고루 버무려 김가루를 올려 완성한다.

소스 만들기

1 진간장, 요리소스, 설탕, 정종, 후춧가루, 마늘, 생강, 물엿, 물(5L)을 넣어 만든다.

• 고기 해동방법 : 1일 전 냉동 → 냉장고/조리 1~2시간 전 상온에서 자연 해동한다.
(특식/연회 메뉴구성으로 좋다)

주의사항

• 소스가 짜지 않도록 한다.

Memo

더덕제육덮밥

일품 밥류

• 재료 • 100인분

돼지고기(다짐육) 8kg
깐 더덕 6kg
양파 4kg
식용유 1L
소금 500g

양념장

고추장 3kg
고춧가루 500g
마늘 500g
설탕 300g
참깨 200g
물엿 500ml
참기름 200ml
진간장 100ml
후춧가루 20g

• 만드는 법 •

1. 깐 더덕은 반으로 갈라 소금물에 담가 쓴맛을 제거한 후 물기를 제거한다.
2. 양파는 반으로 잘라 채 썬다.
3. 볼에 돼지고기(다짐육), 깐 더덕, 양파를 넣어 양념장에 골고루 버무린다.
4. 달구어진 팬에 준비한 재료를 넣어 볶는다.
5. 용기에 밥을 담고 볶아놓은 더덕제육을 올려 완성한다.

양념장 만들기

1. 마늘은 곱게 다진다.
2. 고추장, 고춧가루, 마늘, 설탕, 참깨, 참기름, 진간장, 후춧가루, 물엿을 골고루 섞어 양념장을 만든다.

• 고기 해동방법 : 1일 전 냉동 → 냉장고/조리 1~2시간 전 상온에서 자연 해동한다.
• 더덕은 소금물에 담가 쓴맛을 제거한다.

주의사항

• 양념이 타지 않도록 한다.

Memo

비빔탕수육

일품 밥류

• 재료 • 100인분

돼지고기(탕수육용) 15kg
오이 3kg
양파 3kg
당근 3kg
전분 3kg
밀가루 3kg
찹쌀가루 3kg
적양배추 2kg
식용유 10L
달걀 30개
소금 500g
흑임자 300g
생강 200g
후춧가루 50g

비빔소스

고추장 2kg
케첩 1kg
마늘 1kg
설탕 1kg
요리소스 500ml
물엿 500ml
참기름 200ml
진간장 100ml
후춧가루 10g

Memo

• 만드는 법 •

1 생강은 곱게 다지고, 오이, 양파, 당근, 적양배추는 어슷썬다.
2 돼지고기(탕수육용)는 소금, 후춧가루, 생강으로 밑간하여 밀가루를 입힌다.
3 볼에 전분, 밀가루, 찹쌀가루, 달걀, 물을 넣어 튀김반죽을 만든다.
4 밑간한 돼지고기(탕수육용)에 튀김옷을 입혀 170℃로 노릇하게 두 번 튀긴다.
5 튀긴 탕수육에 채소를 넣고 비빔소스, 흑임자를 넣어 버무려 완성한다.

비빔소스 만들기

1 마늘은 곱게 다진다.
2 고추장, 케첩, 진간장, 마늘, 설탕, 후춧가루, 물엿. 요리소스, 참기름을 넣고 골고루 섞어 비빔소스를 만든다.

• 고기 해동방법 : 1일 전 냉동 → 냉장고/조리 1~2시간 전 상온에서 자연 해동한다.
(특식/연회 메뉴구성으로 좋다)

주의사항

• 배식 전에 버무려 바삭한 식감을 유지한다.

삼겹살마요덮밥

• 재료 • 100인분

돼지고기(삼겹살) 10kg
양파 6kg
마요네즈 4kg
달걀 100개
실파 2kg
마늘 1kg
식용유 1L

소스

굴소스 2L
물 5L
설탕 1kg
전분 1kg
진간장 500ml
생강 20g
후춧가루 10g

• 만드는 법 •

1 마늘은 편 썰고 양파, 실파는 곱게 채 썬다.
2 돼지고기(삼겹살)는 가늘게 채 썰어 소스에 재운다.
3 달걀은 볼에 풀어 놓는다.
4 팬에 식용유를 두르고 양념한 돼지고기(삼겹살)와 양파, 마늘을 넣어 볶고 달걀물을 넣고 골고루 섞은 후 소스를 넣어 걸쭉하게 조린다.
5 실파를 위에 뿌린 후 마요네즈를 곁들여 완성한다.

소스 만들기

1 생강은 곱게 다진다.
2 굴소스, 진간장, 생강, 설탕, 후춧가루, 전분, 물(5L)을 골고루 섞어 소스를 만든다.

• 고기 해동방법 : 1일 전 냉동 → 냉장고/조리 1~2시간 전 상온에서 자연 해동한다.
(특식/연회 메뉴구성으로 좋다)

주의사항

• 채소색이 선명하도록 센 불로 단시간에 볶는다.
• 소스가 짜지 않도록 한다.

Memo

커리소고기덮밥

• 재료 • 100인분

소고기(볶음용) 10kg
양파 5kg
카레분 3kg
당근 3kg
대파 2kg
청경채 2kg
청양고추 1kg
식용유 500ml
소금 500g

• 만드는 법 •

1 양파, 대파, 당근은 어슷썰고 청경채는 끓는 물에 소금을 넣고 데친 후 찬물에 헹구어 물기를 제거한다.
2 카레분은 물(10L)을 섞어 카레소스를 만든다.
3 솥에 식용유를 두르고 소고기와 양파, 대파, 당근을 볶은 뒤 카레소스를 넣어 끓인 후 농도를 맞추고 청경채를 넣어 완성한다.

- 고기 해동방법 : 1일 전 냉동 → 냉장고/조리 1~2시간 전 상온에서 자연 해동한다.
(특식/연회 메뉴구성으로 좋다)

주의사항
- 카레스튜가 눋지 않도록 한다.
- 소스농도를 잘 맞춘다.

Memo

김치참치스크램블볶음밥

• 재료 • 100인분

김치(숙성) 10kg
참치(캔) 4kg
양파 4kg
대파 1kg
깻잎 1kg
식용유 1L
달걀 60개

양념장

고추장 4kg
고춧가루 500g
마늘 500g
설탕 500g
참깨 200g
요리소스 500ml
물엿 300ml
참기름 200ml
후춧가루 10g

• 만드는 법 •

1 참치(캔)는 채반에 밭쳐 기름을 제거한다.
2 김치는 1cm 크기로 다지듯이 자르고 양파, 대파, 깻잎은 채 썬다.
3 달걀은 볼에 풀어 팬에 식용유를 두르고 볶아 스크램블을 만들어 볼에 옮긴 후 김치와 양파, 참치를 넣어 볶는다.
4 볶아진 김치에 양념장을 넣어 조리듯이 볶은 후 대파, 깻잎, 스크램블을 섞어 완성한다.

양념장 만들기

1 고추장, 고춧가루, 마늘, 설탕, 참깨, 참기름, 물엿, 요리소스, 후춧가루를 골고루 섞어 양념장을 만든다.

• 채소는 가늘게 채 썰어 사용한다.

주의사항

• 양념이 짜지 않도록 한다.

Memo

제육깍두기볶음밥

• 재료 • 100인분 

깍두기(숙성) 10kg
돼지고기(다짐육) 6kg
양파 4kg
대파 1kg
식용유 2L
소금 300g

양념장

고추장 1kg
고춧가루 500g
참깨 200g
참기름 200ml
후춧가루 10g

• 만드는 법 •

1 양파, 대파, 깍두기(숙성)는 0.5cm로 자른다.
2 돼지고기(다짐육)는 소금, 후춧가루로 밑간하여 볶는다.
3 달구어진 팬에 식용유를 두르고 양파, 대파, 깍두기(숙성), 돼지고기(다짐육), 밥, 양념장을 넣어 볶는다.
4 볶아진 밥에 소금으로 간하여 완성한다.

양념장 만들기

1 고추장, 고춧가루, 참깨, 참기름, 후춧가루를 골고루 섞어 양념장을 만든다.

Tip

- 채소부터 볶은 후 조리해야 물이 생기지 않는다.
- 기호에 따라 김가루를 토핑으로 사용하면 좋다.

주의사항

- 밥을 충분히 볶는다.

Memo

무순제육비빔밥

• 재료 • 100인분

돼지고기(다짐육) 10kg
무순 4kg
새싹채소 4kg
양배추 3kg
당근 3kg
상추 3kg
깻잎 1kg

양념장

고추장 4kg
고춧가루 500g
마늘 500g
설탕 300g
참깨 200g
요리소스 500ml
물엿 300ml
참기름 200ml

• 만드는 법 •

1 무순은 찬물에 씻어 물기를 제거한다.
2 양배추, 당근, 상추, 깻잎은 가늘게 채 썰어 찬물에 담근 후 물기를 제거한다.
3 팬에 식용유를 두르고 돼지고기(다짐육)를 볶은 후 양념장을 넣어 조리듯이 볶는다.
4 용기에 밥을 담고 준비한 채소는 골고루 섞어 양념장을 곁들여 완성한다.

양념장 만들기

1 마늘은 곱게 다진다.
2 고추장, 고춧가루, 마늘, 설탕, 참깨, 참기름, 물엿, 요리소스를 골고루 섞어 양념장을 만든다.

Tip

- 고기 해동방법 : 1일 전 냉동 → 냉장고/조리 1~2시간 전 상온에서 자연 해동한다.
- 채소는 가늘게 채 썰어 찬물에 담근 후에 사용한다.
- 기호에 따라 고추냉이를 양념장에 넣으면 맛이 좋다.

주의사항

- 고기가 타지 않도록 한다.

Memo

일품
밥류

제육채소비빔밥

• 재료 • 100인분

돼지고기(다짐육) 10kg
양배추 6kg
당근 4kg
상추 4kg
깻잎 1kg
콩나물 4kg
식용유 1L

양념장

고추장 3kg
고춧가루 500g
마늘 500g
설탕 300g
참깨 200g
후춧가루 20g
양파 3kg
청양고추 1kg
물엿 500ml
요리소스 500ml
매운 소스 300ml
참기름 200ml
진간장 100ml

• 만드는 법 •

1 양배추, 상추, 깻잎, 당근은 가늘게 채 썰어 찬물에 담갔다가 물기를 제거한다.

2 콩나물은 삶은 후 찬물에 담가 물기를 제거한다.

3 팬에 식용유를 두르고 돼지고기(다짐육)를 볶은 후 양념장을 넣어 조리듯 볶는다.

4 준비한 채소는 골고루 섞어 볶은 돼지고기(다짐육)를 비빔장으로 제공한다.

양념장 만들기

1 마늘, 양파, 청양고추는 곱게 다진다.

2 고추장, 고춧가루, 마늘, 설탕, 참깨, 참기름, 진간장, 후춧가루, 물엿, 요리소스, 양파, 청양고추, 매운 소스를 골고루 섞어 양념장을 만든다.

• 고기 해동방법 : 1일 전 냉동 → 냉장고/조리 1~2시간 전 상온에서 자연 해동한다.
• 채소는 가늘게 채 쳐서 찬물에 담갔다 사용 (특식/연회 메뉴구성으로 좋다)

주의사항

• 양념장이 타지 않도록 한다.

Memo

소고기알배기배춧국

국류

• 재료 • 100인분

알배기배추 10kg
소고기(국거리) 8kg
된장 3kg
양파 2kg
대파 1kg
팽이버섯 1kg
고추장 1kg
마늘 500g
멸치가루 500g

• 만드는 법 •

1 마늘은 곱게 다지고, 양파, 대파는 채 썰고 팽이버섯은 밑동을 제거하여 찢는다.
2 알배기배추는 세로로 길게 한입 크기로 자른다.
3 솥에 물(30L), 멸치가루, 된장, 고추장을 넣어 육수를 만들고, 소고기(국거리)와 준비한 알배기배추를 넣어 끓인다.
4 한소끔 끓으면 다진 마늘, 양파, 대파, 팽이버섯을 넣어 완성한다.

• 고기 해동방법 : 1일 전 냉동 → 냉장고/조리 1~2시간 전 상온에서 자연 해동한다.

주의사항

• 된장 육수농도를 잘 맞춘다.

Memo

닭알배기배춧국

국류

• 재료 • 100인분

닭(조각닭) 15kg
알배기배추 8kg
양파 2kg
마늘 1kg
대파 1kg
소금 1kg

다대기

고춧가루 800g
마늘 500g
후춧가루 50g
국간장 300ml
참기름 100ml

• 만드는 법 •

1 마늘은 곱게 다지고, 양파는 채 썰고, 대파는 반으로 갈라 5cm로 자른다.
2 알배기배추는 세로로 길게 한입 크기로 자른다.
3 솥에 물(30L), 닭(조각닭)을 넣어 육수를 만들고, 닭(조각닭)은 건져내어 껍질을 제거하고 가늘게 찢어 소금, 후춧가루로 양념한다.
4 육수에 알배기배추를 넣어 한소끔 끓으면 준비한 닭, 양파, 대파를 넣고 끓인 뒤 소금으로 간하여 완성한다.

다대기 만들기

1 마늘은 곱게 다진다.
2 육수에 고춧가루, 다진 마늘, 국간장, 후춧가루, 참기름을 골고루 섞어 양념장을 만든다.

Tip

• 고기 해동방법 : 1일 전 냉동 → 냉장고/조리 1~2시간 전 상온에서 자연 해동한다.
• 다대기는 따로 배식한다.

주의사항

• 육수에 거품과 기름기를 제거한다.
• 육수는 말갛게 제공한다.

Memo

팽이버섯시금치된장국

국류

• 재료 • 100인분

시금치 8kg
팽이버섯 3kg
된장 3kg
양파 2kg
대파 1kg
고추장 1kg
마늘 500g
멸치가루 500g
소금 100g

• 만드는 법 •

1 마늘은 곱게 다지고, 양파, 대파는 채 썰고 팽이버섯은 뿌리를 제거하여 찢는다.
2 시금치는 깨끗이 씻어 물기를 제거한다.
3 솥에 물(30L), 멸치가루, 된장, 고추장을 넣어 육수를 만들고, 준비한 시금치, 양파를 넣어 끓인다.
4 한소끔 끓으면 다진 마늘, 대파, 팽이버섯을 넣어 소금으로 간하여 완성한다.

• 기호에 따라 소고기나 해산물을 첨가할 수 있다.

주의사항

• 육수를 만들 때 거품을 제거한다.

Memo

감자채달걀국

국류

• 재료 • 100인분

감자 10kg
달걀 100개
마늘 500g
양파 2kg
소금 2kg
대파 1kg
당근 1kg
소고기가루 500g
후춧가루 200g
진간장 500ml

• 만드는 법 •

1. 마늘은 곱게 다지고, 당근, 양파, 대파는 채 썰고 감자는 채칼로 채 썰어 찬물에 담근다.
2. 달걀은 볼에 풀어 소금, 후춧가루로 간한다.
3. 솥에 물(30L), 진간장, 소고기가루를 넣고 육수를 만들어 준비한 감자채를 넣어 끓인다.
4. 한소끔 끓으면 다진 마늘, 당근, 양파, 대파를 넣고 달걀물을 풀어 소금으로 간하여 완성한다.

• 감자는 껍질 제거 후 찬물에 담가 갈변처리한다.
• 덮밥, 비빔밥, 볶음밥 메뉴에 곁들이면 좋다.

주의사항

• 달걀물이 바닥에 눋지 않도록 저어준다.

Memo

소고기양파찌개

• 재료 • 100인분

소고기(국거리) 8kg
양파 5kg
두부 2kg
대파 1kg
소금 200g

양념장

고추장 3kg
고춧가루 500g
청양고추 500g
마늘 300g
생강 100g
후춧가루 20g

• 만드는 법 •

1 양파, 대파는 채 썰고, 두부는 2cm×2cm×2cm로 깍둑썬다.
2 솥에 물(20L)을 넣어 소고기와 양념장을 넣고 끓인다.
3 한소끔 끓으면 양파, 두부, 대파를 넣고 소금으로 간하여 완성한다.

양념장 만들기

1 마늘, 생강, 청양고추는 다진다.
2 고추장, 고춧가루, 마늘, 생강, 청양고추, 후춧가루를 골고루 섞어 양념장을 만든다.

- 고기 해동방법 : 1일 전 냉동 → 냉장고/조리 1~2시간 전 상온에서 자연 해동한다.

주의사항

- 채소는 배식 전에 넣어 식감을 살린다.

Memo

물만두애호박찌개

• 재료 • 100인분 

돼지고기(정육) 10kg
애호박 6kg
물만두 5kg
양파 2kg
마늘 500g
대파 500g
팽이버섯 500g
멸치가루 500g
청양고추 500g
고춧가루 500g
새우젓 300g
후춧가루 50g

• 만드는 법 •

1 마늘, 청양고추는 곱게 다지고, 대파, 양파는 어슷썬다.
2 애호박은 반달썰기하고, 팽이버섯은 뿌리를 제거하여 세로로 찢는다.
3 물만두는 끓는 물에 데쳐 물기를 제거한다.
4 솥에 물(20L), 멸치가루, 고춧가루, 후춧가루를 넣어 육수를 만든다.
5 만들어진 육수에 돼지고기(정육)를 넣고 끓인 후 애호박과 팽이버섯, 양파, 대파, 청양고추. 다진 마늘을 넣고 새우젓으로 간하여 완성한다.
6 물만두는 국그릇에 담아서 제공한다.

- 고기 해동방법 : 1일 전 냉동 → 냉장고/조리 1~2시간 전 상온에서 자연 해동한다.
- 멸치육수를 만들어 조리한다.

주의사항

- 찌개와 물만두는 따로 배식한다.

Memo

만가닥버섯찌개

찌개류

• 재료 • 100인분

만가닥버섯 8kg
돼지고기(정육) 8kg
두부 2kg
양파 3kg
대파 1kg
멸치가루 300g
소금 200g

양념장

고추장 3kg
고춧가루 500g
청양고추 500g
마늘 300g
생강 100g
후춧가루 20g
요리소스 300ml

• 만드는 법 •

1. 만가닥버섯은 밑동을 제거하여 반으로 찢고, 양파, 대파는 채 썬다.
2. 돼지고기(정육)는 반으로 자르고, 두부는 2cm×2cm×2cm로 깍둑썬다.
3. 솥에 멸치가루, 물(20L)을 넣어 육수를 만든 후 돼지고기와 양념장을 넣고 끓인다.
4. 한소끔 끓으면 만가닥버섯, 두부, 양파, 대파를 넣고 소금으로 간하여 완성한다.

양념장 만들기

1. 마늘, 생강, 청양고추는 다진다.
2. 고추장, 고춧가루, 마늘, 생강, 청양고추, 후춧가루, 요리소스를 골고루 섞어 양념장을 만든다.

- 고기 해동방법 : 1일 전 냉동 → 냉장고/조리 1~2시간 전 상온에서 자연 해동한다.
- 육수를 만들어 사용한다.

주의사항

- 채소는 배식 전에 넣어 식감을 살린다.

Memo

닭김치찌개

• 재료 • 100인분 

닭(조각닭) 25kg
김치(숙성) 8kg
느타리버섯 6kg
양파 2kg
대파 1kg
마늘 500g
고춧가루 300g
소금 100g
후춧가루 100g
생강 100g
설탕 50g

• 만드는 법 •

1. 마늘, 생강은 곱게 다지고, 양파는 가늘게 채 썰고 파는 어슷썰기한다.
2. 김치는 3cm로 자르고 느타리버섯은 세로로 찢는다.
3. 솥에 물(20L), 닭(조각닭)을 넣어 육수를 만든다.
4. 만들어진 육수에 김치(숙성), 다진 마늘, 생강, 고춧가루, 후춧가루, 설탕을 넣고 양념하여 끓인다.
5. 한소끔 끓여 국물이 졸여지면 느타리버섯과 대파를 넣고 소금으로 간하여 완성한다.

Tip

- 고기 해동방법 : 1일 전 냉동 → 냉장고/조리 1~2시간 전 상온에서 자연 해동한다.

주의사항

- 육수를 만들 때 거품을 제거한다.

Memo

콜라비생채

• 재료 • 100인분 

콜라비 10kg
소금 500g

양념장

대파 500g
고춧가루 500g
마늘 300g
참깨 200g

• 만드는 법 •

1 콜라비는 껍질을 제거하여 채 썬 후 소금으로 절인다.
2 준비한 콜라비는 양념장으로 골고루 버무려 소금으로 간하여 완성한다.

양념장 만들기

1 마늘, 대파는 곱게 다진다.
2 고춧가루, 마늘, 대파, 참깨를 넣어 양념장을 만든다.

Tip

- 콜라비는 껍질을 제거하여 사용한다.
- 콜라비순을 사용하면 식감이 좋다.

주의사항

- 대량조리 시 채칼을 사용한다.
- 이물질 제거 후 껍질째 사용해도 좋다.

Memo

고구마생채

• 재료 • 100인분

고구마 8kg

초양념장

고춧가루 1kg
소금 500g
마늘 500g
식초 300ml
매실액 300ml
설탕 200g
참깨 200g

• 만드는 법 •

1 고구마는 흐르는 물에 깨끗이 씻어 가늘게 채 썬 후 찬물에 담가 갈변처리한다.
2 갈변처리한 고구마는 체에 밭쳐 물기를 제거한다.
3 볼에 양념장을 넣고 골고루 버무려 소금으로 간하여 완성한다.

초양념장 만들기

1 마늘은 곱게 다진다.
2 고춧가루, 마늘, 식초, 매실액, 설탕, 소금, 참깨를 넣고 초양념장을 만든다.

• 갈변처리 후 조리한다.
• 기호에 따라 채소를 첨가할 수 있다.

주의사항

• 물이 생기지 않도록 한다.

Memo

무말랭이파김치

• 재료 • 100인분

실파 8kg
무말랭이 5kg
양파 2kg
당근 1kg
소금 500g

양념장

고춧가루 1kg
마늘 300g
설탕 300g
참깨 200g
멸치액젓 500ml
매실액 500ml
물엿 300ml

• 만드는 법 •

1 무말랭이는 따듯한 물에 불려 손으로 꼭 짜서 물기를 제거한다.
2 실파는 손질하여 깨끗이 씻고 당근, 양파는 채 썬다.
3 볼에 무말랭이, 당근, 양파를 섞은 후 양념장을 넣어 버무려 소금으로 간하여 완성한다.

양념장 만들기

1 마늘은 곱게 다진다.
2 고춧가루, 마늘, 멸치액젓, 참깨, 설탕, 매실액, 물엿을 넣어 양념장을 만든다.

• 무말랭이에 양념에 배도록 충분히 버무린다.
• 찹쌀풀을 쒀서 담그면 식감이 좋아진다.

주의사항

• 기호에 따라 밀가루(찹쌀)풀을 쒀서 사용할 수 있다.

Memo

무말랭이진미채무침

· 재료 · 100인분 

무말랭이 5kg
진미채 2kg
양파 2kg
부추 1kg
오이 1kg
대파 1kg
당근 1kg

양념장

고춧가루 500g
마늘 300g
멸치액젓 300ml
매실액 300ml
물엿 300ml
설탕 200g
참깨 100g
참기름 20ml

· 만드는 법 ·

1 무말랭이는 따듯한 물에 불려 손으로 꼭 짜서 물기를 제거한다.
2 진미채, 부추는 3cm로 자르고 오이, 대파, 당근, 양파는 채 썬다.
3 준비한 무말랭이, 진미채는 채소와 골고루 섞은 후 양념장을 넣고 버무려 완성한다.

양념장 만들기

1 마늘은 곱게 다진다.
2 고춧가루, 마늘, 멸치액젓, 참깨, 설탕, 참기름, 매실액, 물엿을 넣어 양념장을 만든다.

Tip

· 부재료를 바꿔 다양한 메뉴를 만들 수 있다.

주의사항

· 물이 생기지 않도록 한다.

Memo

돗나물물김치

• 재료 • 100인분

돗나물 4kg
배추 1통
오이 2kg
당근 1kg
양파 1kg
홍고추 500g
물 30L

고춧물 만들기

고춧가루 1kg
소금 1kg
마늘 500g
설탕 500g
생강 200g
물 2L

• 만드는 법 •

1 청양고추는 씨를 제거하여 채 썰고 배추, 오이, 당근, 양파는 나박썰기한다.
(채소는 소금에 살짝 절여 사용하면 식감이 좋아진다.)
2 돗나물은 깨끗이 손질하여 찬물에 씻은 후 물기를 제거한다.
3 용기에 물(30L), 준비한 채소와 고춧물을 넣고 골고루 섞어 완성한다.
(사이다를 넣으면 바로 먹을 수 있고 식감이 좋다.)

고춧물 만들기

1 마늘, 생강은 곱게 다진다.
2 면포에 고춧가루, 다진 마늘을 넣어 물(2L)에 고춧물을 만든다.
3 소금, 설탕으로 간하여 완성한다.

- 덮밥, 고기메뉴와 함께 제공하면 좋다.

주의사항

- 고춧물색을 잘 만든다.
- 대량으로 만들 때는 설탕보다 뉴슈가를 사용한다.

Memo

은달래무침

• 재료 • 100인분 

은달래 6kg
양파 2kg
오이 1kg

양념장

고춧가루 500g
마늘 300g
멸치액젓 300ml
매실액 200ml
설탕 200g
참깨 100g

• 만드는 법 •

1 오이, 양파는 가늘게 채 썬다.
2 은달래는 깨끗이 손질하여 찬물에 씻어 물기를 제거한다.
3 손질한 은달래는 채소와 골고루 섞은 후 양념장을 넣고 버무려 완성한다.

양념장 만들기

1 마늘은 곱게 다진다.
2 고춧가루, 마늘, 멸치액젓, 참깨, 설탕, 매실액을 넣어 양념장을 만든다.

Tip

• 부재료를 바꿔 다양한 메뉴를 만들 수 있다.
• 은달래전으로 만들어도 좋다.

주의사항

• 물이 생기지 않도록 한다.

Memo

취나물우렁무침

• 재료 • 100인분 

취나물 8kg
깐 우렁 3kg
양파 2kg
오이 1kg
대파 1kg
당근 1kg

양념장

고춧가루 800g
마늘 500g
멸치액젓 300ml
물엿 300ml
식초 200ml
매실액 200ml
설탕 200g
참깨 100g
참기름 20ml

• 만드는 법 •

1 깐 우렁은 끓는 물에 살짝 데친 뒤 식힌다.
2 취나물은 줄기를 제거하여 3cm로 잘라 깨끗이 씻은 뒤 물기를 제거한다.
3 양파, 오이, 당근, 대파는 채 썬다.
4 준비한 채소와 골고루 섞은 후 양념장을 넣고 버무려 완성한다.

양념장 만들기

1 마늘은 곱게 다진다.
2 고춧가루, 마늘, 멸치액젓, 참깨, 설탕, 참기름, 매실액, 물엿, 식초를 넣어 양념장을 만든다.

Tip

• 양념장은 새콤달콤하게 만든다.

주의사항

• 물이 생기지 않도록 한다.

Memo

참나물사과무침

• 재료 • 100인분

참나물 8kg
사과 20개
설탕 1kg

양념장

고춧가루 800g
마늘 500g
설탕 400g
멸치액젓 300ml
참깨 100g
매실액 200ml
식초 200ml
참기름 20ml

• 만드는 법 •

1. 사과는 깨끗이 씻어 껍질째 가늘게 채 썰어 설탕물에 갈변 처리한다.
2. 참나물은 줄기를 제거하여 3cm로 잘라 깨끗이 씻어 물기를 제거한다.
3. 참나물, 사과를 골고루 섞은 후 양념장을 넣고 버무려 완성한다.

양념장 만들기

1. 마늘은 곱게 다진다.
2. 고춧가루, 마늘, 멸치액젓, 참깨, 설탕, 참기름, 매실액, 식초를 넣어 양념장을 만든다.

• 양념장은 새콤달콤하게 만든다.

주의사항

• 물이 생기지 않도록 한다.

Memo

세발나물무침

• 재료 • 100인분 

세발나물 7kg
양파 3kg
당근 2kg
대파 1kg

양념장

진간장 1L
고춧가루 500g
멸치액젓 300ml
마늘 300g
매실액 200ml
설탕 200g
참깨 100g
참기름 20ml

• 만드는 법 •

1 대파, 양파, 당근은 가늘게 채 썬다.
2 세발나물은 깨끗이 씻어 물기를 제거한다.
3 준비한 세발나물은 채소와 골고루 섞은 후 양념장을 넣고 버무려 완성한다.

양념장 만들기

1 마늘은 곱게 다진다.
2 진간장, 멸치액젓, 마늘, 고춧가루, 설탕, 참깨, 매실액, 참기름으로 양념장을 만든다.

Tip

• 배식 전에 버무려 배식한다.
• 세발나물전으로 만들어도 좋다.

주의사항

• 물이 생기지 않도록 한다.

Memo

돗나물파프리카무침

· 재료 · 100인분 

돗나물 7kg
양파 3kg
당근 2kg
오이 2kg
청피망 1kg
홍파프리카 1kg
황파프리카 1kg

초장소스

고추장 2kg
고춧가루 1kg
설탕 500g
참깨 300g
식초 500ml
물엿 500ml
참기름 200ml
매실액 300ml

· 만드는 법 ·

1 양파, 당근, 청피망, 홍파프리카, 황파프리카, 오이는 가늘게 채 썬다.
2 돗나물은 깨끗이 손질하여 찬물에 씻은 후 물기를 제거한다.
3 준비한 돗나물은 채소와 골고루 섞은 후 초장을 곁들여 제공한다.

초장 만들기

1 고추장, 고춧가루, 설탕, 식초, 물엿, 참기름, 매실액, 참깨를 넣어 초장을 만든다. (초고추장 제품을 사용해도 좋다)

Tip

- 고기메뉴와 함께 제공하면 좋다.
- 돗나물전으로 만들어도 좋다.

주의사항

- 찬물에 담가 싱싱함을 유지한다.

Memo

부추참치매운무침

• 재료 • 100인분 

부추 8kg
참치(캔) 6kg
양파 3kg
당근 2kg

양념장

멸치액젓 1L
고춧가루 1kg
마늘 500g
청양고추 500g
참깨 500g
설탕 200g
소금 200g
매실액 500ml
참기름 100ml

• 만드는 법 •

1 양파, 당근은 가늘게 채 썰고, 부추는 5cm 크기로 자른 후 깨끗이 씻어 물기를 제거한다.
2 참치(캔)는 기름을 제거하고 꼭 짠 후 풀어 놓는다.
3 준비한 채소와 참치를 넣고 양념장으로 버무려 완성한다.

양념장 만들기

1 마늘, 청양고추는 곱게 다진다.
2 고춧가루, 마늘, 청양고추, 설탕, 참깨, 소금, 참기름, 멸치액젓, 매실액을 넣어 양념장을 만든다.

Tip

• 배식 전에 버무려 배식한다.

주의사항

• 참치의 기름을 제거한다.

Memo

봉어묵매운채소무침

• 재료 • 100인분

봉어묵 10kg
당근 2kg
양파 2kg
대파 1kg
식용유 5L

양념장

진간장 1L
마늘 500g
고춧가루 500g
설탕 500g
청양고추 500g
물엿 200ml
요리소스 100ml
참기름 30ml
참깨 30g
후춧가루 20g

• 만드는 법 •

1 대파, 양파, 당근은 채 썰고, 봉어묵은 어슷썰기로 2등분한다.
2 170℃ 기름에 봉어묵을 튀긴 후 기름을 제거한다.
3 볼에 튀긴 어묵과 채소를 넣고 양념장으로 비벼서 완성한다.

양념장 만들기

1 마늘, 청양고추는 곱게 다진다.
2 진간장, 마늘, 고춧가루, 설탕, 후춧가루, 요리소스, 물엿, 참기름, 참깨, 청양고추를 골고루 섞어 양념장을 만든다.

• 어묵을 튀기면 쫄깃한 식감이 좋다.

주의사항

• 어묵이 타지 않도록 튀긴다.

Memo

닭순살애호박나물

• 재료 • 100인분 

닭(순살) 8kg
애호박 8kg
양파 3kg
대파 1kg
굴소스 1L
마늘 500g
소금 300g
식용유 300ml
들기름 200ml
참깨 200g

• 만드는 법 •

1. 마늘은 곱게 다지고 양파, 대파는 가늘게 채 썬다.
2. 애호박은 0.5cm의 원형으로 썰어 6등분한 뒤 채 썰어 소금에 살짝 절인다.
3. 닭(순살)은 끓는 물에 소금을 넣고 삶은 후 가늘게 찢는다.
4. 팬에 식용유를 두르고 애호박, 양파, 닭 가슴살을 넣어 볶은 후 굴소스, 다진 마늘로 양념하여 소금으로 간하고 들기름, 참깨, 대파를 올려 완성한다.

Tip

• 닭은 삶은 후 가늘게 찢어 사용한다.

주의사항

• 닭은 껍질을 제거하여 순살로 사용한다.
• 센 불로 단시간에 조리하여 물이 생기지 않도록 한다.

Memo

세발나물숙채

· 재료 · 100인분 

세발나물 7kg
당근 2kg
양파 2kg
대파 1kg
소금 500g
마늘 300g
참깨 200g
들기름 200ml

· 만드는 법 ·

1. 마늘은 곱게 다지고 대파, 양파, 당근은 가늘게 채 썬다.
2. 세발나물은 끓는 물에 소금을 넣어 살짝 데친 후 찬물에 담가 물기를 제거한다.
3. 데친 세발나물은 손으로 꼭 짜서 물기를 제거하고 마늘, 대파, 양파, 당근, 들기름, 참깨, 소금으로 간하여 완성한다.

Tip

- 세발나물은 데친 후 찬물에 담가 갈변을 방지한다.
- 세발나물전으로 만들어도 좋다.

주의사항

- 오래 삶지 않도록 한다.
- 물이 생기지 않도록 한다.
- 오래 삶거나 헹구는 작업이 미흡하면 누렇게 변한다.

Memo

방풍나물

나물류

• 재료 • 100인분

방풍나물 8kg
당근 2kg
대파 1kg
소금 500g
마늘 300g
참깨 200g
들기름 200ml

• 만드는 법 •

1. 마늘은 곱게 다지고 대파, 당근은 가늘게 채 썬다.
2. 방풍나물은 떡잎과 줄기를 떼어 5cm로 잘라 끓는 물에 소금을 넣어 살짝 데친 후 찬물에 담가 물기를 제거한다.
3. 데친 방풍나물은 손으로 꼭 짜서 물기를 제거하고 마늘, 대파, 당근, 들기름, 참깨, 소금으로 간하여 완성한다.

- 방풍나물은 데친 후 찬물에 담가 갈변을 방지한다.
- 기호에 따라 고추장, 쌈장으로 양념할 수 있다.
- 방풍나물전으로 만들어도 좋다.

주의사항

- 오래 삶지 않도록 한다.
- 물이 생기지 않도록 한다.
- 오래 삶거나 헹구는 작업이 미흡하면 누렇게 변한다.

Memo

참두릅나물

• 재료 • 100인분

참두릅 10kg
소금 500g

초양념장

고추장 2kg
대파 1kg
식초 500ml
물엿 500ml
마늘 500g
설탕 300g
참깨 300g
참기름 200ml

• 만드는 법 •

1 참두릅은 밑동과 겉껍질을 제거하고 길이로 2~4등분하여 끓는 물에 소금을 넣어 데친 후 찬물에 헹구어 물기를 제거한다.
2 준비한 참두릅은 양념장에 버무린다.

초양념장 만들기

1 대파, 마늘은 곱게 다진다.
2 고추장, 식초, 대파, 마늘, 설탕, 참깨, 물엿, 참기름을 넣어 양념장을 만든다.

- 참두릅은 데친 후 찬물에 담가 갈변을 방지한다.
- 참두릅은 반으로 갈라 조리한다.
- 튀김으로 만들어도 좋다.

주의사항

- 끓는 물에 데친 후 찬물에 빨리 헹구어 참두릅이 누렇게 변하지 않도록 한다.

Memo

오리매운볶음

볶음류

• 재료 • 100인분

오리(순살) 15kg
양파 6kg
부추 4kg
팽이버섯 2kg
대파 1kg
깻잎 500g
식용유 500ml
참깨 200g
참기름 50ml

매콤양념장

설탕 3kg
청양고추 2kg
마늘 1kg
진간장 1L
생강 200g
정종 200ml
물엿 100ml
후춧가루 50g

• 만드는 법 •

1 깻잎, 대파, 양파는 채 썰고, 부추는 5cm로 잘라 깨끗이 씻어 물기를 제거한다.
2 오리(순살)는 양념장에 재운다.
3 팬에 식용유를 두르고 양념한 오리(순살)를 넣어 볶은 후 양파, 팽이버섯을 넣고 볶아준 후 부추, 깻잎, 대파, 참기름, 참깨를 골고루 섞어 완성한다.

매콤양념장 만들기

1 청양고추, 마늘, 생강은 곱게 다진다.
2 진간장, 마늘, 청양고추, 생강, 설탕, 정종, 후춧가루, 물엿을 골고루 섞어 양념장을 만든다.

• 고기 해동방법 : 1일 전 냉동 → 냉장고/조리 1~2시간 전 상온에서 자연 해동한다.
• 간장소스 비율 = 진간장 1 : 물 4~5 : 설탕 1~1.5

주의사항

• 센 불에 양념이 타지 않도록 볶는다.

Memo

가지돈육볶음

복음류

• 재료 • 100인분

가지 8kg
돼지고기(다짐육) 6kg
양파 4kg
대파 1kg
당근 1kg
식용유 2L

양념장

진간장 1L
마늘 1kg
설탕 300g
굴소스 200ml
정종 200ml
생강 100g
물엿 100ml
후춧가루 50g
참깨 30g
참기름 20ml

• 만드는 법 •

1 가지는 어슷썰어 소금으로 살짝 절인다.
2 양파, 대파, 당근은 채 썬다.
3 팬에 식용유를 두르고 달궈지면 돼지고기(다짐육)를 볶은 후 가지, 양파, 당근, 양념장을 넣어 조리듯이 볶고 대파를 올려 완성한다.

양념장 만들기

1 마늘은 곱게 다진다.
2 진간장, 굴소스, 마늘, 설탕, 정종, 후춧가루, 물엿, 참기름, 참깨를 넣어 양념장을 만든다.

- 고기 해동방법 : 1일 전 냉동 → 냉장고/조리 1~2시간 전 상온에서 자연 해동한다.
- 센 불에 단시간 볶는다.

주의사항

- 물기가 생기지 않도록 한다.

Memo

새송이버섯굴소스볶음

• 재료 • 100인분 

새송이버섯 10kg
양파 4kg
당근 1kg
청피망 1kg
홍파프리카 1kg
굴소스 1L
마늘 500g
대파 500g
물엿 500ml
소금 200g
참깨 100g
식용유 200ml
참기름 50ml

• 만드는 법 •

1. 마늘, 대파는 곱게 다지고 양파, 당근, 청피망, 홍파프리카는 어슷썰기한다.
2. 새송이버섯은 5cm 길이로 편 썰기하여 끓는 물에 소금을 넣고 살짝 데쳐 찬물에 헹군 후 물기를 제거한다.
3. 팬에 식용유를 두르고 새송이버섯, 당근, 양파, 청피망, 홍파프리카, 마늘을 넣어 살짝 볶은 후 굴소스, 물엿을 넣고 대파, 참기름, 참깨를 넣어 완성한다.

Tip

- 새송이버섯은 데쳐서 식감을 유지한다.

주의사항

- 센 불로 단시간에 조리한다.
- 볶음요리에 파란 채소를 데쳐서 사용하면 식감이 좋다.

Memo

감자삼겹살볶음

• 재료 • 100인분

돼지고기(삼겹살) 8kg
감자 6kg
양파 2kg
대파 1kg

양념장

고추장 3kg
마늘 1kg
고춧가루 500g
설탕 300g
정종 200ml
진간장 200ml
물엿 100ml
생강 100g
후춧가루 50g
참깨 30g
참기름 20ml

• 만드는 법 •

1 양파, 대파는 채 썰고, 감자는 껍질을 제거하여 한입 크기로 자르고, 찬물에 담가 갈변처리 후 물기를 제거한다.
2 삼겹살은 3cm로 잘라 양념장에 20분간 재운다.
3 팬에 양념한 삼겹살을 볶은 후 감자, 양파, 대파 순으로 넣어 완성한다.

양념장 만들기

1 마늘, 생강은 곱게 다진다.
2 고추장, 고춧가루, 진간장, 마늘, 생강, 설탕, 정종, 후춧가루, 물엿, 참기름, 참깨를 넣어 양념장을 만든다.

• 고기 해동방법 : 1일 전 냉동 → 냉장고/조리 1~2시간 전 상온에서 자연 해동한다.

주의사항

• 물기가 생기지 않도록 한다.

Memo

무말랭이제육볶음

• 재료 • 100인분

돼지고기(탕수육용) 8kg
무말랭이 5kg
양파 2kg
부추 1kg
대파 1kg
당근 1kg

양념장

진간장 1L
마늘 1kg
설탕 300g
정종 200ml
물엿 100ml
생강 100g
후춧가루 50g
참깨 30g
참기름 20ml

• 만드는 법 •

1 무말랭이는 따듯한 물에 불려 손으로 꼭 짜서 물기를 제거한다.
2 부추는 5cm로 자르고 대파, 양파, 당근은 채 썬다.
3 돼지고기(탕수육용), 무말랭이는 양념장에 20분간 재운다.
4 팬에 식용유를 두르고 달궈지면 준비한 돼지고기(탕수육용), 무말랭이를 볶은 후 당근-양파-대파 순으로 넣고 살짝 볶아 완성한다.

양념장 만들기

1 마늘, 생강은 곱게 다진다.
2 진간장, 마늘, 생강, 설탕, 정종, 후춧가루, 물엿, 참기름, 참깨를 넣어 양념장을 만든다.

• 고기 해동방법 : 1일 전 냉동 → 냉장고/조리 1~2시간 전 상온에서 자연 해동한다.
• 무말랭이는 불려서 사용한다.

주의사항

• 타지 않도록 한다.

Memo

양송이버섯소고기볶음

• 재료 • 100인분 

소고기(볶음용) 10kg
양송이버섯 6kg
마늘종 4kg
양파 2kg
당근 1kg
굴소스 1L
식용유 500ml
물엿 500ml
대파 500g
마늘 300g
소금 300g
요리소스 300ml
참깨 100g
참기름 50ml
후춧가루 50g

• 만드는 법 •

1. 마늘은 곱게 다지고 대파, 양파, 당근은 채 썰고, 마늘종은 3cm 길이로 자른다.
2. 소고기(볶음용)는 소금, 후추, 요리소스로 밑간한다.
3. 양송이버섯은 반으로 잘라 끓는 물에 소금을 넣고 데쳐 찬물에 헹군 후 물기를 제거한다.
4. 팬에 식용유를 두르고 마늘종, 양파, 당근, 양송이버섯을 볶아내고 소고기, 다진 마늘, 물엿, 굴소스로 간해서 볶아놓은 채소와 섞어 참기름, 참깨, 대파를 넣어 완성한다.

- 고기 해동방법 : 1일 전 냉동 → 냉장고/조리 1~2시간 전 상온에서 자연 해동한다.
- 양송이버섯은 데쳐서 식감을 유지한다.
- 소고기와 채소를 따로 볶은 후 배식 전에 섞어서 사용하면 좋다.

주의사항

- 양송이버섯은 오래 데치지 않도록 한다.
- 센 불로 단시간에 조리한다.

Memo

닭가슴살버섯볶음

• 재료 • 100인분 

닭(가슴살) 15kg
새송이버섯 4kg
양송이버섯 2kg
청피망 1kg
적파프리카 1kg
양파 1kg
식용유 1L

소스

마늘 1kg
굴소스 1L
진간장 500ml
정종 500ml
물엿 500ml
물 500ml

• 만드는 법 •

1 새송이버섯, 양송이버섯은 한입 크기로 잘라 끓는 물에 데친 후 물기를 제거한다.
2 청피망, 적파프리카, 양파는 한입 크기로 자른다.
3 닭(가슴살)은 소스에 재운다.
4 달궈진 팬에 식용유를 두르고 양념한 닭(가슴살)을 갈색이 나도록 볶은 후 준비한 버섯과 채소를 넣어 완성한다.

소스만들기

1 마늘은 곱게 다진다.
2 진간장, 굴소스, 정종, 물엿, 마늘, 물(500ml)을 골고루 섞어 소스를 만든다.

Tip

- 고기 해동방법 : 1일 전 냉동 → 냉장고/조리 1~2시간 전 상온에서 자연 해동한다.
- 센 불로 단시간에 조리한다.
- 간장소스 비율 = 진간장 1 : 물 4~5 : 설탕 1~1.5

주의사항

- 센 불에 양념이 타지 않도록 볶는다.

Memo

만가닥버섯볶음

• 재료 • 100인분 

만가닥버섯 10kg
양파 4kg
청피망 1kg
홍파프리카 1kg
식용유 500ml
마늘 500g
소금 500g
참깨 200g

• 만드는 법 •

1. 마늘은 곱게 다진다.
2. 만가닥버섯은 밑동을 제거하고 반으로 찢어 끓는 물에 소금을 넣고 살짝 데쳐 찬물에 헹군 후 물기를 제거한다.
3. 양파, 청피망, 홍파프리카는 2cm 크기로 채 썬다.
4. 팬에 식용유를 두르고 만가닥버섯, 양파, 청피망, 홍파프리카를 넣어 살짝 볶은 후 마늘, 참기름, 참깨를 넣어 소금으로 간하여 완성한다.

Tip

• 만가닥버섯은 데쳐서 식감을 유지한다.

주의사항

• 센 불로 단시간에 조리한다.

Memo

더덕어묵볶음

• 재료 • 100인분

깐 더덕 8kg
사각어묵 4kg
양파 2kg
식용유 1L
소금 500g

양념장

고추장 3kg
고춧가루 500g
진간장 500ml
물엿 500ml
마늘 500g
참깨 200g
참기름 200ml

• 만드는 법 •

1 깐 더덕은 반으로 갈라 소금물에 담가 쓴맛을 제거한 후 채 썬다.
2 양파, 사각어묵은 가늘게 채 썬다.
3 달궈진 팬에 식용유를 두른 후 깐 더덕, 어묵, 양파를 넣어 볶은 후 양념장을 넣고 간이 배도록 볶는다.

양념장 만들기

1 마늘은 곱게 다진다.
2 고추장, 고춧가루, 마늘, 참깨, 참기름, 진간장, 물엿을 골고루 섞어 양념장을 만든다.

• 더덕은 소금물에 담가 쓴맛을 제거한다.

주의사항

• 양념이 타지 않도록 한다.

Memo

느타리버섯어묵볶음

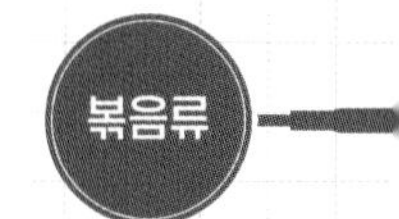

재료 100인분 

느타리버섯 6kg
사각어묵 4kg
당근 2kg
양파 2kg
식용유 1L
대파 1kg

양념장

진간장 600ml
물엿 500ml
마늘 500g
참깨 200g
참기름 100ml

만드는 법

1. 느타리버섯은 가늘게 찢어 끓는 물에 데친 후 찬물에 담가 물기를 제거한다.
2. 사각어묵은 가늘게 채 썰고, 양파, 당근, 대파는 어슷썬다.
3. 달구어진 팬에 식용유를 두르고 어묵을 볶은 후 느타리버섯, 양파, 당근, 대파, 양념장을 넣고 간이 배도록 볶는다.

양념장 만들기

1. 마늘은 곱게 다진다.
2. 진간장, 마늘, 참깨, 참기름, 물엿을 골고루 섞어 양념장을 만든다.

Tip

- 느타리버섯은 삶아서 사용한다.

주의사항

- 양념이 타지 않도록 한다.

Memo

아스파라거스볶음

볶음류

• 재료 • 100인분

아스파라거스 8kg
양파 2kg
청피망 1kg
홍파프리카 1kg
식용유 500ml
소금 500g
마늘 300g
참기름 200ml
참깨 200g
설탕 100g

• 만드는 법 •

1 마늘은 곱게 다지고 청피망, 홍파프리카, 양파는 가늘게 채 썬다.
2 아스파라거스는 반으로 갈라 5cm로 자르고 끓는 물에 소금을 넣어 살짝 데친 후 찬물에 담가 물기를 제거한다.
3 팬에 식용유를 두르고 아스파라거스, 청피망, 홍파프리카, 양파, 마늘, 설탕을 넣어 살짝 볶은 후 참기름, 참깨, 소금으로 간하여 완성한다.

• 볶음요리에 파란 채소를 데쳐서 사용하면 식감이 좋다.
• 기호에 따라 다양한 토핑을 활용할 수 있다.

주의사항

• 오래 삶지 않도록 한다.
• 오래 삶거나 헹구는 작업이 미흡하면 누렇게 변한다.

Memo

달콤오리불고기

복음류

• 재료 • 100인분

오리(순살) 15kg
양파 6kg
느타리버섯 4kg
부추 4kg
당근 2kg
대파 1kg
깻잎 500g
참깨 200g
참기름 50ml
식용유 500ml

달콤양념장

물 4L
진간장 1L
마늘 1kg
매실액 500ml
설탕 300g
생강 200g
정종 200ml
물엿 100ml
후춧가루 50g

• 만드는 법 •

1 깻잎, 대파, 양파, 당근은 채 썰고, 부추는 5cm로 잘라 깨끗이 씻어 물기를 제거한다.
2 오리(순살)는 달콤양념장에 재운다.
3 팬에 식용유를 두르고 양념한 오리(순살)를 넣어 불맛나게 볶은 후 양파, 당근을 넣고 볶은 뒤 부추, 깻잎, 대파, 참기름, 참깨를 골고루 섞어 완성한다.

달콤양념장 만들기

1 마늘, 생강은 곱게 다진다.
2 진간장, 마늘, 생강, 설탕, 정종, 후춧가루, 매실액, 물엿, 물(4L)을 골고루 섞어 양념장을 만든다.

• 고기 해동방법 : 1일 전 냉동 → 냉장고/조리 1~2시간 전 상온에서 자연 해동한다.
• 센 불로 단시간에 조리한다.
• 간장소스 비율 = 진간장 1 : 물 4~5 : 설탕 1~1.5
• 파채를 곁들여 먹으면 오리향을 잡아준다.

주의사항

• 양념이 타지 않도록 볶는다.
• 센 불에 볶아 불맛나게 조리한다.

Memo

애호박팽이버섯전

전류

• 재료 • 100인분

애호박 10kg
부침가루 6kg
식용유 4L
팽이버섯 2kg
홍고추 1kg
청양고추 1kg

간장소스

진간장 1L
식초 500ml
요리소스 500ml
참깨 200g

• 만드는 법 •

1 애호박은 원형으로 썰어 채 썰고, 홍고추, 청양고추는 가늘게 채 썬다.
2 팽이버섯은 뿌리를 제거하고 가늘게 찢는다.
3 부침가루와 물을 넣고 반죽을 만든 뒤 준비한 채소를 넣고 섞는다.
4 팬에 식용유를 두르고 노릇하게 지진다.

간장소스 만들기

1 진간장, 식초, 요리소스, 참깨를 넣어 간장소스를 만든다.

• 반죽에 튀김가루를 넣으면 바삭한 식감이 좋다.
(부침가루 2 : 튀김가루 1)

주의사항

• 대량조리 시 크게 만들어 잘라서 배식하면 좋다.

Memo

크래미전

전류

• 재료 • 100인분 

크래미 8kg
대파 1kg
양파 1kg
청양고추 1kg
식용유 1L
달걀 100개
소금 100g

• 만드는 법 •

1 크래미는 가늘게 찢는다.(손으로 비비면 쉽게 찢어진다)
2 대파, 양파, 청양고추는 곱게 다진다.
3 볼에 달걀을 풀어 소금으로 간한다.
4 크래미와 양파, 대파, 청양고추를 달걀물에 넣어 반죽을 만든다.
5 팬에 식용유를 두르고 수저로 동그랗게 넣어 노릇하게 지진다.

Tip

• 노릇하게 지진다.
(연회/행사 메뉴구성으로 좋다)

주의사항

• 대량조리 시 크게 만들어 잘라서 배식하면 좋다.

Memo

김치제육전

• 재료 • 100인분

김치(숙성) 10kg
돼지고기(다짐육) 6kg
부침가루 4kg
양파 4kg
식용유 3L
튀김가루 2kg
소금 2000g
대파 1kg
고춧가루 300g
설탕 200g
복합조미료 50g
후춧가루 30g

• 만드는 법 •

1. 대파, 양파는 가늘게 채 썬다.
2. 김치는 송송 썰어 고춧가루, 설탕, 복합조미료를 넣어 양념한다.
3. 돼지고기(다짐육)는 소금, 후춧가루로 밑간한다.
4. 부침가루, 튀김가루, 물을 비율에 맞게 반죽하여 양념한 김치와 돼지고기(다짐육)를 넣고 골고루 섞는다.
5. 팬에 식용유를 두르고 튀기듯이 노릇하게 지진다.

- 고기 해동방법 : 1일 전 냉동 → 냉장고/조리 1~2시간 전 상온에서 자연 해동한다.
- 기호에 따라 토핑을 다양하게 할 수 있다.
- 부침가루(2) : 튀김가루(1) : 물(3) 비율

주의사항

- 대량조리 시 크게 만들어 잘라서 배식하면 좋다.

Memo

파프리카두부참치전

• 재료 • 100인분

적파프리카 6kg
참치(캔) 4kg
청피망 4kg
두부 4kg
달걀 30개
양파 2kg
밀가루 2kg
청양고추 1kg
소금 500g
식용유 3L

• 만드는 법 •

1. 두부는 곱게 으깨어 물기를 제거하고, 참치(캔)는 기름을 제거하여 거즈에 짜서 풀어 놓는다.
2. 적파프리카, 청피망은 0.5cm의 링으로 자르고 청양고추, 양파는 곱게 다진다.
3. 볼에 두부, 참치, 청양고추, 양파, 달걀, 밀가루를 넣어 소금으로 간하여 골고루 섞는다.
4. 적파프리카, 청피망에 속을 채우고 밀가루를 입힌다.
5. 팬에 식용유를 두르고 노릇하게 지진다.

- 반죽에 튀김가루를 넣으면 바삭한 식감이 좋다.
  (부침가루 2 : 튀김가루 1)
- 기호에 따라 초간장이나 케첩을 제공한다.

주의사항

- 파프리카, 피망이 타지 않도록 한다.

Memo

매콤제육고추전

전류

• 재료 • 100인분

돼지고기(다짐육) 6kg
두부 4kg
청양고추 2kg
양파 2kg
달걀 30개
밀가루 2kg
소금 500g
후춧가루 50g
식용유 4L

초간장

진간장 1L
식초 500m
요리소스 500ml
참깨 200g

• 만드는 법 •

1 청양고추, 양파는 곱게 다진다.
2 두부는 곱게 으깨어 물기를 제거하고, 돼지고기(다짐육)는 골고루 펴서 소금, 후춧가루로 밑간한다.
3 볼에 돼지고기(다짐육), 두부, 청양고추, 양파, 밀가루를 넣고 소금으로 간하여 골고루 섞은 뒤 원형으로 만들어 밀가루를 입힌다.
4 달걀은 소금으로 간하여 풀어 놓는다.
5 팬에 식용유를 두르고 달걀물을 입혀 노릇하게 지진다.

초간장 만들기

1 진간장, 식초, 요리소스, 참깨를 넣어 초간장을 만든다.

• 고기 해동방법 : 1일 전 냉동 → 냉장고/조리 1~2시간 전 상온에서 자연 해동한다.
• 반죽에 튀김가루를 넣으면 바삭한 식감이 좋다. (부침가루 2 : 튀김가루 1)

주의사항

• 대량조리 시 크게 만들어 잘라서 배식하면 좋다.

Memo

참두릅튀김

• 재료 • 100인분

참두릅 10kg
소금 500g
식용유 10L
튀김가루 4kg
전분 4kg
찹쌀가루 2kg
물 5L

초간장

진간장 1L
식초 500ml
요리소스 500ml
설탕 300g
참깨 300g

• 만드는 법 •

1 참두릅은 밑동과 겉껍질을 제거하고 길이로 2~4등분하여 끓는 물에 소금을 넣어 데친 후 찬물에 헹구어 물기를 제거한다.
2 튀김가루, 전분은 물을 넣어 튀김반죽을 만든다.
3 데친 참두릅에 전분가루를 골고루 섞은 후 튀김반죽을 입혀 170℃ 기름에 살짝 튀긴다.
4 튀겨놓은 참두릅은 초간장을 곁들여 제공한다.

초간장 만들기

1 진간장, 식초, 설탕, 참깨, 요리소스를 골고루 섞어 초간장을 만든다.

• 참두릅은 반으로 갈라 조리한다.

주의사항

• 끓는 물에 데친 후 찬물에 빨리 헹구어 참두릅이 누렇게 변하지 않도록 한다.

Memo

표고버섯튀김

튀김류

• 재료 • 100인분

표고버섯 8kg
식용유 5L
튀김가루 4kg
전분 2kg
밀가루 2kg
부추 1kg

초간장

진간장 1L
식초 500m
요리소스 500ml
청양고추 500g

• 만드는 법 •

1 표고버섯은 밑동을 제거하여 0.5cm 두께로 채 썬다.
2 부추는 깨끗이 씻어 물기를 제거하고 0.3cm로 자른다.
3 튀김가루, 전분은 동량의 물과 부추를 넣어 반죽을 만든다.[2:1:1]
4 준비한 표고버섯은 밀가루에 골고루 섞은 후 튀김옷을 입혀 170℃ 기름에 튀긴다.

초간장 만들기

1 청양고추는 곱게 다진다.
2 진간장, 식초, 요리소스, 청양고추를 넣어 초간장을 만든다.

Tip

• 양념장을 곁들여 배식한다.

주의사항

• 타지 않도록 튀긴다.
• 양념장의 염도는 요리소스로 조절한다.

Memo

더덕튀김

· 재료 · 100인분

깐 더덕 8kg
소금 500g
식용유 10L
쌀가루 4kg
튀김가루 2kg

꿀소스

꿀 1L
대추 500g
흑임자 100g

· 만드는 법 ·

1 깐 더덕은 반으로 갈라 소금물에 담가 쓴맛을 제거한다.
2 전처리한 깐 더덕은 밀대로 납작하게 편다.
3 찹쌀가루, 튀김가루는 2:1 비율로 물을 넣어 튀김반죽을 만든다.
4 튀김옷을 입혀 170℃ 기름에 살짝 튀긴다.

꿀소스 만들기

1 대추는 씨를 제거하여 곱게 다진다.
2 꿀에 다진 대추, 흑임자를 골고루 섞어 꿀소스를 만든다.

- 깐 더덕은 반으로 갈라 조리한다.
- 팬에 노릇하게 구워도 좋다.
- 샐러드와 곁들여 먹으면 좋다.

주의사항

- 기름온도를 맞춰 단시간에 튀겨낸다.

Memo

김치두부튀김

재료 100인분

김치 10kg
두부 6kg
튀김가루 3kg
양파 1kg
깻잎 500g
대파 500g
카레분 300g
설탕 200g
참기름 100ml
달걀 30개
식용유 5L
물 2L

만드는 법

1. 김치는 속을 털어내고 송송 썰어 참기름, 설탕으로 양념한다.
2. 두부는 물에 씻은 후 1cm×1cm×1cm로 잘라 물기를 제거한다.
3. 깻잎, 대파, 양파는 곱게 채 썰어 준비한다.
4. 볼에 튀김가루, 카레분, 달걀, 물(2L)을 넣고 걸쭉하게 농도를 맞춘 후 준비한 김치, 두부, 채소를 넣어 반죽한다.
5. 한입 크기로 170℃ 기름에 노릇하게 튀긴다.

- 숙성김치를 사용한다.
- 바삭한 식감을 위해 전분을 넣어도 좋다.

주의사항

- 타지 않도록 튀긴다.
- 재료에 물이 생기므로 반죽이 묽지 않도록 한다.

Memo

감자채콘튀김

재료 100인분

감자 10kg
식용유 10L
옥수수(캔) 4kg
튀김가루 4kg

타르타르소스

마요네즈 4kg
양파 2kg
피클 1kg
설탕 500g
식초 500ml

만드는 법

1 감자는 껍질을 제거하여 가늘게 채 썬 후 찬물에 담가 전분을 뺀다.
2 옥수수(캔)는 도마에 올려 칼로 다지듯 4등분한다.
3 튀김가루, 물을 2:1 비율로 튀김반죽을 만들어 준비한 소금, 감자, 옥수수를 넣고 골고루 섞는다.
4 한입 크기로 170℃ 기름에 노릇하게 튀긴다.

타르타르소스 만들기

1 피클은 곱게 다지고, 양파는 다진 후 찬물에 담가 매운맛을 제거한다.
2 볼에 마요네즈, 양파, 피클, 설탕, 식초를 섞어 타르타르소스를 만든다.

Tip

- 감자는 크링클컷 모양으로 만들어도 좋다.
- 옥수수를 다지면 맛과 향이 좋아진다.

주의사항

- 기름온도를 맞춰 타지 않게 튀긴다.

Memo

삼겹살바비큐구이(오븐)

• 재료 • 100인분 

삼겹살 25kg
올리브오일 500ml
소금 300g
후춧가루 30g
월계수잎 5장

바비큐소스

케첩 4kg
칠리소스 1kg
양파 1kg
설탕 500g
마늘 500g
진간장 50ml
생강 20g

• 만드는 법 •

1 삼겹살은 3~4cm 크기로 자른 후 소금, 후춧가루, 월계수잎으로 밑간한다.
2 오븐 팬에 올리브오일을 바르고 삼겹살을 가지런히 올린 뒤 바비큐소스를 발라 콤비기능 200℃에서 15분간 조리한다.(중간에 뒤집어준다)

바비큐소스 만들기

1 마늘, 생강, 양파는 곱게 다진다.
2 케첩, 칠리소스, 설탕, 진간장, 양파, 마늘, 생강을 넣어 바비큐소스를 만든다.

Tip

• 고기 해동방법 : 1일 전 냉동 → 냉장고/조리 1~2시간 전 상온에서 자연 해동한다.

주의사항

• 타지 않도록 한다.

Memo

더덕구이(오븐)

구이류

재료 100인분

깐 더덕 8kg
식용유 1L
진간장 500ml
참기름 500ml

양념장

고추장 2kg
대파 2kg
고춧가루 1kg
마늘 500g
설탕 500g
물엿 500ml
참깨 300g

만드는 법

1 깐 더덕은 세로로 2등분한 후 밀대로 납작하게 편다.
2 깐 더덕은 진간장, 참기름으로 유장 처리한 후 양념장에 20분간 재운다.
3 오븐 팬에 식용유를 바르고 깐 더덕을 가지런히 담고, 콤비 기능 180℃에서 10분간 조리한다.
(오븐 없을 시 팬에 구워도 된다.)

양념장 만들기

1 마늘, 대파는 곱게 다진다.
2 고추장, 고춧가루, 마늘, 대파, 설탕, 물엿, 참깨를 넣어 양념장을 만든다

- 깐 더덕은 편 썰기한다.

주의사항

- 타지 않도록 한다.
- 오븐온도와 시간을 준수한다.

Memo

양송이버섯소고기구이(오븐)

재료 100인분

양송이버섯 10kg
소고기(다짐육) 6kg
올리브유 5L
두부 4kg
모차렐라치즈 4kg
양파 2kg
달걀 30개
마늘 300g
소금 300g
후춧가루 20g

소스

토마토소스 1L
케첩 1kg
설탕 500g
굴소스 300g

만드는 법

1 마늘, 양파는 곱게 다진다.
2 양송이버섯은 기둥을 제거하고 기둥은 곱게 다진다.
3 두부는 곱게 으깨어 물기를 제거하고 다진 양송이기둥, 소고기(다짐육), 마늘, 양파, 소금, 후춧가루, 달걀을 넣어 반죽한다.
4 준비한 양송이버섯에 소스를 바르고 반죽한 소고기(다짐육)로 속을 채운다.
5 오븐 팬에 올리브오일을 바르고 준비한 양송이버섯을 가지런히 담아 모차렐라치즈를 올려 콤비기능 200℃에 20분간 조리한다.

소스 만들기

1 토마토소스, 굴소스, 케첩, 설탕을 넣어 소스를 만든다.

- 고기 해동방법 : 1일 전 냉동 → 냉장고/조리 1~2시간 전 상온에서 자연 해동한다.

주의사항

- 타지 않도록 튀긴다.
- 오븐온도와 시간을 준수한다.

Memo

콘맛살달걀구이

구이류

• 재료 • 100인분

옥수수(캔) 8kg
맛살 3kg
달걀 60개
양파 2kg
황파프리카 1kg
식용유 1L
소금 300g

• 만드는 법 •

1 옥수수(캔)는 체에 밭쳐 물기를 제거한다.
2 맛살은 가늘게 찢고 황파프리카, 양파는 가늘게 채 썬다.
3 볼에 달걀을 풀어 소금으로 간하여 준비한 재료를 섞는다.
4 팬에 식용유를 두르고 재료를 넣어 스크램블을 만들어 두껍게 부친다.
5 한입 크기로 잘라 제공한다.

• 센 불-중불로 스크램블을 조리하여 채소를 익힌다.

주의사항

• 타지 않도록 한다.
• 식용유를 충분히 넣어 식감을 부드럽게 한다.

Memo

닭다리조림(오븐)

조림류

• 재료 • 100인분

올리브오일 500ml
닭다리 100개

소스

물 10L
진간장 2L
마늘 1kg
청양고추 1kg
물엿 500ml
설탕 500g
정종 300ml
요리소스 300ml
생강 200g
참기름 200ml
후춧가루 200g

• 만드는 법 •

1 닭다리는 찬물로 깨끗이 씻은 후 물기를 제거한다.
2 볼에 닭다리를 넣어 양념장에 20분간 재운다.
3 오븐팬에 올리브오일을 바르고 닭다리를 가지런히 담고 양념장을 넣어 복합기능 200℃에서 50분간 조리한다. (중간에 뒤집어준다)

소스 만들기

1 마늘, 생강, 청양고추는 믹서기에 곱게 간다.
2 진간장, 마늘, 생강, 설탕, 청양고추, 참기름, 물엿, 후춧가루, 정종, 요리소스, 물(10L)을 넣어 양념장을 만든다.

• 센 불로 윤기나게 조린다.
• 간장소스 비율 = 진간장 1 : 물 4~5 : 설탕 1~1.5

주의사항

• 타지 않도록 한다.
• 오븐온도와 시간을 준수한다.

Memo

조림류

무청시래기코다리조림

100인분

무청시래기 8kg
코다리 35수
양파 3kg
대파 1kg

양념장

물 5L
진간장 1L
고춧가루 1kg
마늘 1kg
물엿 500ml
요리소스 300ml
설탕 300g
생강 200g
후춧가루 200g
참기름 200ml

• 만드는 법 •

1 대파, 양파는 채 썰고 코다리는 지느러미를 제거하여 3등분한다.
2 무청시래기는 반으로 잘라 삶은 후 찬물에 담가 물기를 제거한다.
3 냄비에 무청시래기를 깔고 코다리를 올려 양념장을 넣어 조리한다.

양념장 만들기

1 마늘, 생강은 곱게 다진다.
2 진간장, 고춧가루, 마늘, 생강, 설탕, 물엿, 후춧가루, 요리소스, 참기름, 물(5L)을 넣어 양념장을 만든다.

• 부재료를 바꿔 다양한 메뉴를 만들 수 있다.

주의사항

• 태우지 않도록 주의한다.

Memo

양송이버섯감자조림

• 재료 • 100인분 

양송이버섯 6kg
감자 4kg
당근 2kg
대파 1kg
식용유 200ml
소금 200g

양념장

진간장 1L
마늘 500g
청양고추 500g
물엿 500ml
요리소스 500ml
참깨 100g
참기름 50ml

• 만드는 법 •

1 양송이버섯은 반으로 갈라 끓는 물에 소금을 넣고 살짝 데쳐 찬물에 헹군 후 물기를 제거한다.
2 감자, 당근은 껍질을 벗겨 2cm×2cm 크기로 썰고 대파는 1cm로 자른다.
3 팬에 감자, 당근, 양념장을 넣어 끓인 후 국물이 졸여지면 양송이버섯, 대파를 넣어 한소끔 끓여 완성한다.

양념장 만들기

1 마늘, 청양고추는 곱게 다진다.
2 진간장, 마늘, 청양고추, 물엿, 참기름, 요리소스, 참깨를 넣어 양념장을 만든다.

Tip

- 양송이버섯은 데쳐서 식감을 유지한다.
- 감자도 삶아서 조리하면 조리시간이 단축된다.

주의사항

- 감자에 간이 배도록 조린다.

Memo

참치감자조림

• 재료 • 100인분 

감자 10kg
참치(캔) 4kg
양파 4kg
대파 1kg
청양고추 1kg
참기름 50ml

양념장

고추장 4kg
고춧가루 500g
마늘 500g
진간장 300ml
물엿 500ml
설탕 200g
후춧가루 10g

• 만드는 법 •

1. 감자는 껍질을 제거하여 반으로 갈라 1cm 두께로 나박썰기한다.
2. 양파는 4등분하고 청양고추, 대파는 어슷썬다.
3. 팬에 감자, 참치, 양념장을 넣어 끓인 후 국물이 졸여지면 양파, 청양고추, 대파를 넣어 한소끔 끓여 참기름을 뿌려 완성한다.

양념장 만들기

1. 마늘은 곱게 다진다.
2. 고추장, 진간장, 고춧가루, 마늘, 물엿, 설탕, 후춧가루를 넣어 양념장을 만든다.

Tip

• 감자는 나박썰기한다.

주의사항

• 감자에 간이 배도록 졸인다.

Memo

오리순살조림

조림류

• 재료 • 100인분

오리(순살) 15kg
감자 4kg
당근 4kg
청피망 3kg
양파 3kg
홍파프리카 3kg
식용유 500ml
소금 300g

양념장

진간장 1L
요리소스 1L
물엿 1L
설탕 500g
마늘 500g
정종 500ml
참기름 200g
생강 200g
후춧가루 20g
물 10L

• 만드는 법 •

1 감자, 양파, 당근은 껍질을 제거하여 2cm×2cm 크기로 자른다.
2 청피망, 황파프리카는 반으로 갈라 씨를 제거하고 2cm×2cm 크기로 자른다.
3 끓는 물에 소금을 넣어 오리(순살)를 데쳐 기름기와 잡내를 제거한다.
4 팬에 식용유를 두르고 양파, 청피망, 홍파프리카를 살짝 볶는다.
5 솥에 오리(순살), 양념장을 넣고 센 불에서 끓인 후 감자, 당근을 넣어 익으면 볶아놓은 채소와 참기름을 넣어 완성한다.

양념장 만들기

1 마늘, 생강은 곱게 다진다.
2 진간장, 마늘, 생강, 요리소스, 설탕, 정종, 물엿, 참기름, 후춧가루, 물(10L)을 섞어 양념장을 만든다.

• 고기 해동방법 : 1일 전 냉동 → 냉장고/조리 1~2시간 전 상온에서 자연 해동한다.
(특식/연회 메뉴구성으로 좋다)

주의사항

• 소스가 짜지 않도록 한다.

Memo

달걀곤약조림

• 재료 • 100인분

달걀 100개
꽈리고추 4kg
곤약 4kg
소금 200g
참기름 200ml
식초 50ml

양념장

물 4L
진간장 1L
물엿 1L
설탕 500g

• 만드는 법 •

1 꽈리고추는 꼭지를 떼어 반으로 자른다.
2 달걀은 소금, 식초를 넣어 7분간(반숙) 삶는다.
3 곤약은 깨끗이 씻어 3cm 길이로 자른다.
4 냄비에 양념장을 넣어 센 불로 끓인 후 거품이 나면 달걀과 곤약을 넣어 윤기나게 조리다가 꽈리고추, 참기름을 올려 완성한다.

양념장 만들기

1 진간장, 설탕, 물엿, 물(4L)을 넣어 양념장을 만든다.

• 센 불로 윤기나게 조린다.
• 간장소스 비율 = 진간장 1 : 물 4~5 : 설탕 1~1.5

주의사항

• 센 불로 조리하므로 양념이 타지 않도록 한다.

Memo

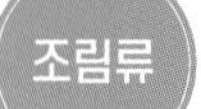

새송이버섯곤약조림

• 재료 • 100인분

새송이버섯 10kg
곤약 4kg

양념장

물 5L
진간장 1L
마늘 1kg
설탕 500g
물엿 500ml
요리소스 300ml
참기름 200ml
후춧가루 200g
생강 100g

• 만드는 법 •

1 새송이버섯은 반으로 잘라 세로로 4등분하여 끓는 물에 데친 후 물기를 제거한다.
2 곤약은 4cm 길이로 자른다.
3 솥에 새송이버섯과 곤약을 담고, 양념장을 넣어 센 불로 윤기나게 조린다.

양념장 만들기

1 마늘, 생강은 곱게 다진다.
2 진간장, 마늘, 생강, 설탕, 물엿, 후춧가루, 요리소스, 참기름, 물(5L)을 넣어 양념장을 만든다.

- 센 불로 윤기나게 조린다.
- 간장소스 비율 = 진간장 1 : 물 4~5 : 설탕 1~1.5
- 기호에 따라 메추리알을 넣어주면 좋다.

주의사항

- 센 불로 조리하므로 양념이 타지 않도록 한다.

Memo

달걀명란찜

재료 100인분

달걀 100개
명란젓 1kg
청피망 1kg
홍파프리카 1kg
참기름 100ml
소금 20g

만드는 법

1. 청피망, 홍파프리카는 씨를 제거하여 0.2cm로 자른다.
2. 명란은 껍질을 제거하여 물에 풀어 놓는다.
3. 달걀은 풀어 고운 망에 걸러 알끈을 제거하고 물(10L), 명란젓, 소금으로 간하여 달걀물을 만든다.
4. 사각 찜용기에 참기름을 바르고 준비한 달걀물과 청피망, 홍파프리카를 넣고 뚜껑을 덮어 중불~약불로 15분간 조리한다.
5. 완성된 달걀명란찜은 식은 후에 잘라서 완성한다.

- 달걀명란찜은 중불-약불로 조리하여 부드럽게 만든다.
- 달걀과 물의 비율을 잘 맞춰야 한다.(달걀의 두 배)

주의사항

- 달걀명란찜 속이 익었는지 확인한다.
- 강한 불에서 찌면 표면이 부풀어오른다.
- 냄비 물의 양은 찜그릇의 반 정도만 오도록 한다.

Memo

찜류

달걀순두부찜

• 재료 • 100인분

순두부 4kg
새우젓 1kg
청고추 500g
다시마 500g
대파 500g
홍고추 500g
정종 500ml
달걀 100개
소금 100g
참기름 100ml

• 만드는 법 •

1. 대파는 곱게 다지고 청, 홍고추는 씨를 제거하여 0.2cm로 자르고 새우젓은 다져 국물을 만든다.
2. 순두부는 곱게 으깨어 준비하고, 솥에 물(20L), 다시마, 정종을 넣어 육수를 만든다.
3. 달걀은 풀어 고운망에 걸러 알끈을 제거하고 다시마육수(10L), 순두부, 새우젓국물, 소금으로 간하여 달걀물을 만든다.
4. 사각 찜용기에 참기름을 바르고 준비한 달걀물, 청·홍고추를 넣어 뚜껑을 덮고 중불~약불로 15분간 조리한다.
5. 완성된 달걀순두부찜은 식은 후에 잘라서 완성한다.

- 달걀순두부찜은 중불~약불로 조리하여 부드럽게 만든다.
- 달걀과 물의 비율을 잘 맞춰야 한다.(달걀의 두 배)

주의사항

- 달걀순두부찜 속이 익었는지 확인한다.
- 강한 불에서 찌면 표면이 부풀어오른다.
- 냄비 물의 양은 찜그릇의 반 정도만 오도록 한다.

Memo

달걀장

• 재료 • 100인분

달걀 100개
소금 300g
식초 200ml

양념장

진간장 4L
양파 3kg
대파 1kg
청양고추 1kg
설탕 1kg
요리소스 1L
물 1L
정종 200ml

• 만드는 법 •

1 솥에 소금, 식초를 넣고 물이 끓으면 달걀을 넣어 저으며 7분 동안 삶은 후 찬물(얼음물)에 담가 식힌다.
2 삶은 달걀은 껍질을 벗겨 양념장에 담근다.

양념장 만들기

1 양파, 대파, 청양고추는 0.5cm로 자른다.
2 진간장, 양파, 대파, 청양고추, 설탕, 요리소스, 정종, 물(1L)을 넣어 양념장을 만든다.

- 달걀은 끓는 물에 삶아야 노른자가 익지 않는다.
- 비빔밥장으로 활용할 수 있다.

주의사항

- 달걀이 깨지지 않도록 저으면서 삶는다.

Memo

방울토마토스크램블

• 재료 • 100인분 

달걀 100개
방울토마토 4kg
베이컨 2kg
우유 2L
올리브유 300ml
소금 200g
설탕 100g
후춧가루 10g

• 만드는 법 •

1 달걀은 풀어 고운 망에 걸러 알끈을 제거하고, 우유, 소금, 후춧가루로 간한다.
2 방울토마토는 꼭지를 제거하고, 깨끗이 씻어 반으로 가른다.
3 베이컨은 0.5cm 크기로 자른 후 달걀물과 섞는다.
4 팬에 올리브유를 두르고 달걀물을 넣고 스크램블을 만들어 건져내고, 방울토마토를 넣고 볶듯이 조린다.
5 완성된 스크램블과 방울토마토를 골고루 섞어 제공한다.

Tip

• 스크램블은 중불에서 만들어야 부드럽다.
• 기호에 따라 케첩을 준비한다.
(브런치 메뉴에 제공하면 좋다)

주의사항

• 스크램블을 태우지 않도록 한다.
• 방울토마토에서 물이 생기므로 완전히 조린다.

Memo

무순샐러드

· 재료 · 100인분 

크래미 4kg
무순 2kg
치커리 2kg
적겨자잎 2kg

드레싱

마요네즈 4kg
플레인요거트 2kg
설탕 300g

· 만드는 법 ·

1 무순은 찬물에 씻어 물기를 제거한다.
2 크래미는 가늘게 찢고, 치커리, 적겨자잎은 채 썰어 찬물에 헹구어 물기를 제거한다.
3 준비한 무순, 크래미, 치커리, 적겨자잎을 넣어 드레싱과 골고루 버무린다.

드레싱 만들기

1 마요네즈, 플레인요거트, 설탕을 넣어 드레싱을 만든다. (기호에 따라 플레인요거트는 가감할 수 있다)

Tip

- 배식 전에 버무려 배식한다.
- 무순샐러드는 모닝빵 속재료로 활용할 수 있다.

주의사항

- 드레싱 농도가 묽지 않도록 한다.

Memo

셀러리꽃맛살샐러드

• 재료 • 100인분 

셀러리 8kg
꽃맛살 6kg

드레싱

마요네즈 4kg
플레인요거트 1kg
설탕 200g
레몬즙 100ml
후춧가루 10g

• 만드는 법 •

1 셀러리는 섬유질(껍질)을 제거하여 2cm로 자른다.
(셀러리잎은 식감을 위해 사용하면 좋다)
2 꽃맛살은 4등분으로 찢는다.
3 준비한 셀러리, 꽃맛살, 드레싱을 넣고 골고루 버무린다.

드레싱 만들기

1 마요네즈, 플레인요거트, 레몬즙, 설탕, 후춧가루를 넣어 드레싱을 만든다.

Tip

• 배식 전에 버무려 배식한다.

주의사항

• 드레싱 농도가 묽지 않도록 한다.

Memo

아스파라거스샐러드

• 재료 • 100인분 

아스파라거스 8kg
로메인상추 4kg
방울토마토 2kg
건포도 1kg

드레싱

마요네즈 4kg
꿀 1kg
홀그레인 머스터드 1kg
레몬즙 100ml
후춧가루 10g

• 만드는 법 •

1. 아스파라거스는 반으로 갈라 2cm로 자르고 끓는 물에 소금을 넣고 살짝 데친 후 찬물에 담가 물기를 제거한다.
2. 로메인상추는 한입 크기로 자르고 방울토마토는 반으로 자른다.
3. 준비한 아스파라거스, 로메인상추, 방울토마토, 건포도에 드레싱을 넣고 골고루 버무린다.

드레싱 만들기

1. 마요네즈, 꿀, 홀그레인 머스터드, 레몬즙, 후춧가루를 넣어 드레싱을 만든다.
(마요네즈 대신 플레인요거트를 사용해도 좋다)

Tip

• 배식 전에 버무려 배식한다.

주의사항

• 드레싱 농도가 묽지 않도록 한다.

Memo

연근유자샐러드

• 재료 • 100인분

연근 8kg
어린잎채소 1kg

드레싱

유자청 4kg
꿀 500g
설탕 500g
레몬즙 200ml

• 만드는 법 •

1 연근은 껍질을 제거하여 0.2cm 두께로 편 썰기하여 끓는 물에 소금, 식초를 넣고 살짝 데친 후 찬물에 담가 물기를 제거한다.
2 어린잎채소는 찬물에 헹구어 물기를 제거한다.

유자드레싱 만들기

1 유자청, 꿀, 설탕, 레몬즙을 넣어 유자드레싱을 만든다.

Tip

• 연근은 식초를 넣고 끓는 물에 삶아 조리한다.

주의사항

• 드레싱 농도가 묽지 않도록 한다.

Memo

더덕샐러드

• 재료 • 100인분

깐 더덕 6kg
양상추 4kg
셀러리 2kg
모둠채소 2kg
무순 100g

흑임자드레싱

마요네즈 4kg
흑임자 500g
설탕 200g
식초 200ml

• 만드는 법 •

1 깐 더덕은 편 썰어 가늘게 찢고, 셀러리는 섬유질을 제거하여 얇게 어슷썬다.
2 양상추, 모둠채소는 한입 크기로 자른 후 깨끗이 씻어 건져 놓는다.
3 준비한 깐 더덕, 양상추, 모둠채소, 무순은 골고루 섞는다.
4 흑임자드레싱을 곁들여 배식한다.

흑임자드레싱 만들기

1 흑임자는 믹서기에 곱게 분쇄한다.
2 마요네즈, 흑임자, 설탕, 식초를 넣어 드레싱을 만든다. (마요네즈 대신 플레인요거트를 사용해도 좋다)

• 배식 전에 버무려 배식한다.
(브런치/고기메뉴와 함께 제공하면 좋다)

주의사항

• 드레싱 농도가 묽지 않도록 한다.

Memo

단호박채소샐러드

• 재료 • 100인분

단호박 10kg
양상추 4kg
방울토마토 3kg
황파프리카 2kg

프렌치드레싱

올리브유 1L
발사믹식초 500ml
설탕 300g
소금 200g
후춧가루 20g

• 만드는 법 •

1 단호박은 반으로 갈라 씨를 제거하고 찜기에 찐 후 껍질을 제거하여 으깬다.
2 방울토마토는 꼭지를 제거하고, 깨끗이 씻어 반으로 가른다.
3 황파프리카는 가늘게 채 썰고, 양상추는 한입 크기로 자른 후 깨끗이 씻어 건져놓는다.
4 준비한 채소는 골고루 섞고 단호박, 프렌치드레싱을 곁들여 배식한다.

프렌치드레싱 만들기

1 볼에 올리브유, 소금, 설탕, 후춧가루, 발사믹식초를 강하게 휘핑하여 만든다.

• 단호박은 껍질을 벗겨 사용한다.

주의사항

• 프렌치드레싱은 풀리지 않게 강하게 휘핑하여 만든다.

Memo

새싹순두부샐러드

• 재료 • 100인분

순두부 8kg
새싹채소 4kg

양념소스

진간장 1L
설탕 500g
식초 300ml
마늘 200g
요리소스 100ml
레몬즙 100ml

• 만드는 법 •

1. 새싹채소는 찬물에 씻어 건져놓는다.
2. 순두부는 4등분하여 수저로 떠먹을 수 있게 한다.
3. 용기에 순두부와 새싹채소를 담고 소스를 위에 뿌려준다.

양념소스 만들기

1. 마늘은 곱게 다진다.
2. 진간장, 설탕, 마늘, 식초, 요리소스, 레몬즙을 섞어 새콤달콤한 소스를 만든다.

- 소스는 맑고 상큼하게 만든다.

주의사항

- 소스는 오래 두면 탁해지므로 조리 직전에 만든다.

Memo

오이토마토샐러드

• 재료 • 100인분 

오이 6kg
방울토마토 6kg
파인애플(캔) 4kg

프렌치드레싱

올리브유 1L
발사믹식초 500ml
설탕 300g
소금 200g
후춧가루 20g

• 만드는 법 •

1. 오이는 깨끗이 씻어 가시를 제거하고 반으로 갈라 반달모양으로 썬다.
2. 방울토마토는 꼭지를 제거하고, 깨끗이 씻어 반으로 가른다.
3. 파인애플(캔)은 8등분한다.
4. 오이, 방울토마토, 파인애플에 프렌치드레싱을 넣고 골고루 버무린다.

프렌치드레싱 만들기

1. 볼에 올리브유, 소금, 설탕, 후춧가루, 발사믹식초를 강하게 휘핑하여 만든다.

Tip

• 배식 전에 버무려 채소가 싱싱함을 유지한다.
(브런치/고기메뉴와 함께 제공하면 좋다)

주의사항

• 프렌치드레싱이 풀리지 않게 강하게 휘핑하여 만든다.

Memo

밤샐러드

• 재료 • 100인분 

깐 밤 6kg
셀러리 4kg
건포도 1kg
설탕 200g

흑임자드레싱

마요네즈 4kg
흑임자 500g
설탕 200g
식초 200ml
후춧가루 10g

• 만드는 법 •

1 깐 밤은 모양대로 편 썰어 설탕물에 갈변처리한다.
2 셀러리는 섬유질(껍질)을 제거하여 어슷썬다.
3 준비한 깐 밤, 셀러리, 건포도를 흑임자드레싱을 넣고 골고루 버무린다.

흑임자드레싱 만들기

1 흑임자는 믹서기에 곱게 분쇄한다.
2 마요네즈, 흑임자, 설탕, 후춧가루, 식초를 넣어 드레싱을 만든다.
(마요네즈 대신 플레인요거트를 사용해도 좋다)

Tip

• 배식 전에 버무려 배식한다.
(브런치/고기메뉴와 함께 제공하면 좋다)

주의사항

• 드레싱 농도가 묽지 않도록 한다.

Memo

셀러리피클

• 재료 • 100인분

셀러리 8kg
소금 1kg

피클 재료

물 20L
식초 6L
설탕 6kg
피클링스파이스 300g
레몬 3개

• 만드는 법 •

1 셀러리는 밑동을 자르고 굵은 줄기는 섬유질(껍질)을 제거하여 반으로 갈라 5cm로 자르고, 셀러리잎은 적당한 크기로 자른다.
2 준비한 셀러리는 소금에 살짝 절여 씻는다.
3 냄비에 물(20L), 피클링스파이스, 레몬, 식초, 설탕을 넣어 끓인 뒤 식힌다.
4 준비한 셀러리를 용기에 담아 피클물을 붓고 밀봉하여 3일간 숙성한다.

• 배식 전에 버무려 배식한다.
• 기호에 따라 오이, 양파를 토핑으로 사용해도 좋다.

주의사항

• 끓는 물을 부으면 셀러리가 익으므로 반드시 식혀서 사용한다.

Memo

수박차

• 재료 • 100인분 

수박 10통
시럽(꿀) 2kg

생수/탄산수
얼음

• 만드는 법 •

1 수박은 껍질을 제거하고, 잘게 썰어 씨를 빼준다.
2 준비한 수박은 믹서기에 곱게 간다.
(수박 당도가 높으므로 탄산수와 섞으면 좋다)
3 얼음을 띄워 제공한다.
(믹서기에 얼음과 함께 갈면 슬러시가 된다)

Tip

• 여름철 얼음과 함께 제공한다.
(브런치/연회음식에 제공하면 좋다)

주의사항

• 기호에 따라 생수, 탄산수, 시럽(꿀)을 제공한다.

Memo

딸기슬러시

• 재료 • 100인분 

딸기 10kg
우유 20L

꿀 4kg
얼음

• 만드는 법 •

1 딸기는 꼭지를 제거하여 깨끗이 씻는다.
2 믹서기에 딸기, 우유, 꿀, 얼음을 넣고 간다.
3 유리잔에 담아 제공한다.

Tip

• 다양한 계절과일과 토닉을 이용하여 맛을 달리할 수 있다.
-제철 딸기는 손질하여 얼렸다가 사용하면 좋다.
(브런치/연회음식에 제공하면 좋다)

주의사항

• 과일이 무르지 않도록 한다.

Memo

맛간장소스

소스류

• 재료 • 100인분

양조간장 22L
설탕 10kg
마늘 3kg
양파 2kg
생강 2kg
물 2 L
맛술 2L
정종 2L
통후추 500g
사과 10개
레몬 10개
배 10개

• 만드는 법 •

1 양파는 껍질을 제거하여 4등분하고, 생강은 껍질 제거 후 편 썰기한다.
2 마늘은 꼭지를 제거하여 깨끗이 씻고, 레몬은 양끝을 잘라낸 뒤 편 썰고, 사과·배는 4등분한다.
3 솥에 양조간장, 양파, 마늘, 생강, 통후추, 설탕, 물을 넣어 1/3로 졸인 후 사과, 배, 레몬, 맛술, 정종을 넣고 끓여 졸인다.
4 완성된 맛간장은 용기에 담아 냉장보관한다.

• 맛간장은 조림, 나물무침, 국 등에 다양하게 활용할 수 있다.

주의사항

• 조리순서를 잘 지켜 만든다.
• 중불~약불로 끓인다.
• 양조간장은 질 좋은 최고급으로 사용한다.(예 : 샘표701)

Memo

배합초

• 재료 • 100인분 

환만식초 60L
설탕 22kg
소금 4kg
레몬 3개
파인애플 2개
빙초산(소) 1병
맛술 2L
청주 1L

• 만드는 법 •

1 레몬은 양끝을 잘라 편 썰고, 파인애플은 껍질을 제거하고, 심을 떼어내어 3cm 두께로 자른다.
2 큰 용기에 환만식초, 설탕, 소금을 넣어 녹인 후 파인애플, 레몬, 청주, 빙초산, 맛술을 넣고 뚜껑을 덮어 그늘에서 1개월간 숙성시킨다.

Tip

- 대량으로 만들어 초밥, 초무침 등으로 활용할 수 있다.

주의사항

- 1개월 숙성 후 사용할 수 있으므로 여름철에는 냉장보관한다.

Memo

단 / 체 / 급 / 식 / 실 / 무

부록

소스 & 드레싱 레시피

소스명	레시피	비고
떡볶이	고추장 2, 고춧가루 4, 후추 0.5, 물엿 7, 설탕 1, 다진 마늘 1, 라면스프 1	어묵, 양배추, 대파
떡볶이 1	고추장 3, 고춧가루 1.5, 카레분, 설탕 2.5, 후춧가루 0.3, 간장 1	어묵, 양배추, 대파, 쫄면
떡볶이 2	고추장 1, 고춧가루 3, 후춧가루 0.5, 물 3, 카레분 1.5, 다시다 1, 물엿 1	어묵, 양배추, 대파, 쫄면
떡볶이 3	고추장 2, 식용유 2, 올리고당 1, 설탕 2, 물엿 1	어묵, 양배추, 대파, 쫄면
떡볶이 4	고추장 3, 참기름 1, 후춧가루 0.3, 간장 2, 올리고당 1, 다진 마늘 0.5	어묵, 양배추, 대파, 쫄면

소스명	레시피	비고
짜장 떡볶이	고추장 1, 고춧가루 1, 춘장 3, 물 4, 설탕 0.5, 다진 마늘 0.5, 간장 0.5	양배추, 대파
까르보나라 떡볶이	우유 1.5, 슬라이스치즈 2, 소금 0.5, 후춧가루 0.3	파마산치즈
기름 떡볶이	고추장 1, 고춧가루 1.5, 참기름 3, 설탕 1.5, 간장 1	양파, 대파
간장 양념장	진간장 1, 국간장 1, 고춧가루 1, 물 4, 마늘 2, 대파 1, 설탕 1, 요리소스 1	어묵, 양배추, 대파, 쫄면
불고기 양념	진간장 1, 물 4, 설탕 1.5, 후춧가루 0.2, 양파 1/2, 마늘 0.5, 키위 1개, 배 1/4개, 대파 1, 참깨 0.2, 참기름 0.5	양파, 대파, 버섯류
갈비양념	진간장 12, 물 5, 설탕 1, 물엿 0.5, 후춧가루 0.2, 양파 1/2, 마늘 0.5, 키위 10개, 배 10개, 대파 1, 참깨 0.2, 참기름 0.5	양파, 대파, 버섯류

소스명	레시피	비고
제육양념	고추장 3, 고춧가루 3, 설탕 1, 물엿 1, 후춧가루 0.5, 참깨 0.2, 양파 4, 마늘 1, 사과 10개, 파인애플 1, 대파 1, 참기름 0.5	양파, 대파, 버섯류
조림양념 (간 된 경우)	고춧가루 2, 진간장 1, 물 4, 설탕 1, 물엿 0.5, 후춧가루 0.2, 마늘 1, 요리소스 1	양파, 대파
조림양념 (간 안 된 경우)	고춧가루 2, 고추장 3, 진간장 1, 물 4, 설탕 1, 물엿 0.5, 소금 2, 후춧가루 0.2, 마늘 1, 요리소스 1	양파, 대파
파절이소스	고춧가루 5, 진간장 1, 사이다 2, 액젓 0.5, 매실액 1, 후춧가루 1, 참깨 1	고기류
양파소스	진간장 1, 돈가스소스 1, 식초 1, 설탕 1, 후춧가루 1, 겨자분 1, 물 3	고기류
허니버터	버터 3, 우유 10, 설탕 1, 마요네즈 3, 다진 마늘 1, 치즈 1	끓이기

소스명	레시피	비고
고추장소스	고추장 2, 케첩 2, 올리고당 2, 참기름 1, 참깨 1	양배추, 대파
스테이크소스	버터 1, 설탕 1, 케첩 1, 식초 1, 간장 1, 생수 0.5	끓이기
허니머스터드	마요네즈 4, 겨자 1, 레몬즙 1, 꿀 1, 소금 0.2, 후추 0.1	
렌치소스	요거트 3, 마요네즈 1, 올리고당 2, 소금 0.1	
양파소스	간장 3, 식초 2, 설탕 1, 물 0.3	
와사마요소스	마요네즈 4, 와사비 1, 올라고당 1, 간장 0.5, 후추 0.2	

소스명	레시피	비고
갈릭디핑소스	마요네즈 4, 머스터드 3, 다진 마늘 2, 치즈 2, 설탕 2, 우유 0.5	끓이기
고블링소스	칠리소스 3, 마요네즈 2, 소금 0.1, 후추 0.1	끓이기
뿌링클소스	크림치즈 1.5, 요거트 1.5, 설탕 2, 올리고당 1, 생크림 2	
지코바소스	케첩 3, 다진 마늘 3, 설탕 3, 간장 3, 물엿 3, 고추장 2, 고춧가루 2	
토스트소스	마요네즈 2, 키위드레싱 2, 설탕 1, 꿀 1	
치즈소스	체다치즈 2장, 우유 0.5, 설탕 1, 버터 1	

드레싱	레시피	비고
허니콤보	간장 4, 꿀 4, 물엿 2, 맛술 2, 굴소스 1, 다진 마늘 1	끓이기
갈비소스	간장 1, 설탕 0.3, 맛술 0.3, 올리고당 2, 다진 마늘 1	
레몬	레몬즙 2, 꿀 1, 소금 0.1, 후춧가루 0.1, 올리브유 4	
프렌치	올리브유 1, 소금 0.2, 설탕 0.3, 후춧가루 0.2, 발사믹식초 0.5	
흑임자	마요네즈 4, 흑임자가루 0.5, 설탕 0.3, 후춧가루 0.1, 식초 0.3	
레몬 비네그레트	레몬즙 0.8, 식초 0.4, 설탕 0.5, 올리브오일 0.4, 소금 0.1, 후춧가루 0.1, 양파 1	

드레싱	레시피	비고
플레인	마요네즈 2, 플레인요거트 2, 레몬즙 0.3, 설탕 0.3	
허니	마요네즈 2, 꿀 1, 홀그레인 머스터드 1, 레몬즙 0.5	
유자	유자청 4, 꿀 0.5, 설탕 0.2, 레몬즙 1	
키위	키위 2, 레몬즙 1, 올리브유 4, 올리고당 2, 소금 0.1	
피넛	땅콩버터 2, 허니머스터드 2, 올리브유 1, 설탕 1 레몬즙 1, 후춧가루 0.1, 바질 0.1	
어니언	양파 4, 피클 2, 식초 2, 레몬즙 1, 설탕 1, 올리브오일 4, 후춧가루 0.1, 소금 0.1	

계절별 식품정보와 위험식재료

	1월	2월	3월	4월	5월	6월	7월	8 월	9월	10월	11월	12월
concept	식재료 - 제철 식재료(하우스 재배보다 노지 재배 기준임) - 환경변화에 따른 대체 식재료 - 안전성 확보를 위한 월별 사용 식재료지침											
제철 식재료	시금치 달래 물미역 파래 톳나물 다시마	봄동 냉이 취나물 달래 시금치 물미역 파래 톳나물 다시마	쑥 비름 얼갈이 열무 고구마 줄기 취나물 냉이 알타리 호박 톳나물	다시마 쑥 머위 비름 열무 고구마 줄기 취나물 고춧잎 부추 호박 알타리 톳나물	양배추 참취 비름 열무 부추 호박 고구마 줄기 고춧잎 취나물 대파 알타리 완두 톳나물	셀러리 부추 당근 깻순 알타리 대파 호박 애호박 오이 완두 청각 옥수수	고구마 부추 당근 깻순 고추 대파 가지 호박 애호박 오이 청각 옥수수	깻순 고추 부추 대파 가지 호박 애호박 오이 청각 옥수수	표고버 섯 토란 깻순 고추 대파 가지 호박 애호박 오이 옥수수 홍고추 부추	양배추 시금치 가지 쪽파 홍고추 부추	양배추 시금치 쪽파 물미역 파래 톳나물 다시마	시금치 물미역 파래 톳나물 다시마
	건명태 양미리 굴 꽃게	건명태 양미리 홍어 꼬막 홍합	바지락 대합 꼬막	주꾸미 꽁치 꽃게 고등어	낙지 꽁치 고등어 오징어	낙지 꽁치		전복	해파리 고등어	대하 꽃게 고등어	옥돔 건명태 양미리 오징어	건명태 양미리 굴 꼬막
	참다래	참다래	금귤	딸기	딸기 방울토 마토	매실 토마토	수박 참외 복숭아 자두 토마토	멜론 포도 복숭아 사과 자두 참외	배 사과 방울토 마토 복숭아 참다래 거봉 포도	감 밤 대추 귤 사과 참다래 거봉 포도	귤 사과 참다래 포도	귤 참다래
환경변화 시 대체 식재료	폭설		꽃샘추위			장마		태풍				
	연중 사용주의 식재료 난류 : 미생물 오염도가 높아 조리과정 중 미생물 증식이 용이한 식품으로 조리 시 완전가열조리 두부류, 묵류 : 미생물 증식이 용이하므로 사용 시 온도, 시간, 관리 등의 주의를 요함 새싹류 : 생식 제공 시 미생물 잔존가능하므로 사전 소독처리											
월별 사용주의 식재료		패류/굴류(2~9월)										
				생식어류/패류/알류(4~9월) 생굴, 생새우, 회								
						갑각류/육내장류(5~9월) 내장, 삶은 고기류(편육, 순대)						

출처 : 영양사도우미(http://www.kdclub.com/)

절기별 활용메뉴

구분	설날	정월대보름	유두절식	삼복	추석	동지
메뉴	떡국 떡만둣국 탕국 쇠고기뭇국 사골우거지국 불고기 떡사태찜 쇠고기찹쌀구이 떡갈비 갈비찜 조기구이 조기찜 편육 잡채 녹두빈대떡 동태전 산적 모둠전 완자전 삼색나물 오이볶음 오이장과 김구이 해파리냉채 약과, 약식 인절미 수정과 식혜	팥밥 오곡밥 오곡찰밥 쇠고기뭇국 시래깃국 달걀말이 달걀찜 두부조림 전류 김구이 고구마순볶음 고비나물 고사리나물 도라지볶음 숙주나물 무나물 시금치나물 삼색나물 호박오가리나물 콩나물 취나물 삶은 땅콩 약식	닭곰탕 유두면 닭칼국수 고등어무조림 호박볶음국수 밀전병 구절판 모둠전 애호박전 무구절판 물만두 만두찜 삼색나물 배추겉절이 오미자수단 과일 김구이	삼계탕 한방삼계탕 단호박삼계탕 닭백숙 갈비탕 반계탕 한방영양곰탕 임연수구이 부추장떡 오징어젓무침 오이도라지무침 채소모둠 참외 수박 수박화채	토란탕 들깨토란국 쇠고기토란탕 곰탕 갈비탕 꼬리곰탕 갈비찜 떡갈비찜 모둠전류 잡채 모둠나물 고비나물 고사리나물 도라지볶음 숙주나물 시금치나물 삼색나물 수정과 식혜 송편	팥죽 팥칼국수 동치미 새알팥죽 오이도라지무침 알타리김치 동치미 인절미 식혜

3월 추천식단표

월요일	화요일	수요일	목요일	금요일
오곡밥 소고기뭇국 삼색나물 떡잡채 김구이(간장) 굴비구이 배추김치	기장밥 감자고추장찌개 떡갈비칠리소스조림 임연수유자청구이 깻잎양념무침 배추김치 사과	봄나물비빔밥 쑥국 당면김말이튀김 깍두기 요구르트	팥밥 홍합미역국 김치깐풍기 연근조림 삼동초무생채 과일샐러드 배추김치	현미보리밥 달래된장찌개 도토리묵김치무침 돼지불고기 모둠숙쌈 다시마무생채 배추김치
차조밥 근대된장국 매운돼지갈비찜 뱅어포조림 곤약탕평채 시금치나물 배추김치 사과	쑥쌀밥 해물탕 새송이전 어묵감자조림 달걀찜 도라지무침 배추김치	짜장면 달걀부추국 비빔만두 배추김치 딸기	검은콩밥 들깨감자수제비 오징어무침 완자어묵조림 숙주게살무침 두부소박이 배추김치	영양잡곡밥 대구탕 스파게티 멸치볶음 달걀맛살말이 봄동겉절이 깍두기
발아현미밥 소고기다시마국 가자미무조림 매운감자조림 시금치나물 김자반 배추김치	강낭콩밥 돼지김치찌개 호두멸치볶음 오징어봄동무침 버섯완자전 배추김치 금귤	사과카레라이스 프라이드치킨 나박김치 배추김치 딸기	수수밥 꽃게오징엇국 돼지고기장조림 솎음배추무침 쫄면채소무침 뱅어포조림 배추김치	영양잡곡밥 곰탕 모둠튀김(고구마, 연근, 깻잎) 오이부추무침 배추김치 토마토
차조밥 새알미역국 달걀삼각말이 코다리조림 감자샐러드 배추김치 방울토마토	흑미밥 김치콩나물국 닭불고기 우엉조림 생채소겉절이 단호박전 배추김치	잔치국수 강된장상추쌈밥 메추리알꼬치튀김 배추김치	현미밥 된장찌개 애느타리무침 고등어구이 해물부추전 오징어포무침 배추김치	흑미밥 떡국 오징어숙회 김구이 배추김치

4월 추천식단표

월요일	화요일	수요일	목요일	금요일
보리밥 닭개장 꽈리고추찜 감자채볶음 취나물 호박전 배추김치	수수밥 소고기버섯국 궁중떡볶이 달걀말이 미나리숙주무침 검은콩조림 배추김치	콩나물비빔밥 달래양념장 두부미역된장국 닭꼬치구이 김구이 배추김치 요구르트	보리밥 동태오징어찌개 고추잡채 & 꽃빵 멸치고추장볶음 참나물 배추김치 방울토마토	완두콩밥 배추된장국 오향장육 무채소말이쌈 깻잎간장절임 배추김치 파인애플
흑미밥 황태미역국 돼지갈비감자찜 우엉조림 얼갈이무침 배추김치 배	차조밥 바지락콩나물국 제육볶음 깻잎전 도라지나물 떡볶이 배추김치	주먹밥 호박죽 오징어두릅초회 깍두기 과일주스	검은콩밥 된장찌개 고등어무조림 상추겉절이 메추리알멸치조림 화전 배추김치	쑥쌀밥 육개장 두부양념구이 도토리묵무침 과일샐러드 쑥갓나물 배추김치
기장밥 만두김치찌개 비름된장나물 생선전, 감자전 버섯장아찌 닭강정 배추김치	보리밥 감자미역국 소고기감자조림 취나물 채소샐러드 김구이 배추김치	비빔밥 약고추장 나박김치 달걀프라이 토마토 열무김치	영양잡곡밥 소고깃국 새우전 오이나물 다시마부각 배추김치 참외	흑미기장밥 들깨감자수제비 꽈리고추돼지고기조림 콩나물무침 생선구이 배추김치
보리밥 순두부찌개 감자조림 탕수육 깻잎양념무침 배추김치 사과	팥밥 건새우아욱국 오리불고기 상추깻잎쌈 김치산적 배추김치 딸기	김치새우볶음밥 부추달걀국 사과주스 왕만두찜 깍두기	현미밥 닭곰탕 어묵볶음 오이무침 명태조림 두부구이 배추김치	율무밥 사골우거지탕 해물잡채 감자전 애호박나물 배추김치

5월 추천식단표

월요일	화요일	수요일	목요일	금요일
보리밥 오징어콩나물국 돈육메추리알조림 멸치볶음 청경채겉절이 연근전 배추김치	현미밥 다슬기아욱국 닭강정 감자볶음 도토리묵무침 두부전 배추김치	차수수밥 소고기뭇국 해물전 오이치커리무침 떡잡채 동전쥐포조림 배추김치	기장밥 감자찌개 우엉조림 상추겉절이 김구이 꽁치구이 배추김치	당근밥 곰탕 버섯볶음 도라지생채 연근조림 배추김치 수박
흑미기장밥 대구매운탕 연두부달걀찜 참나물된장무침 마늘종새우볶음 스파게티 배추김치	팥밥 대합살미역국 버섯완자전 메밀묵무침 다시마콩나물잡채 브로콜리나물 배추김치	잔치국수 소고기주먹밥 닭튀김 배추김치	보리밥 김치콩나물밥 돼지불고기 상추깻잎쌈 오이간장초절임 채소튀김 배추김치	감자밥 바지락뭇국 잡채 김구이(간장) 생선전 더덕생채 과일샐러드 배추김치
보리밥 꽃게된장찌개 메추리알비엔나 칠리볶음 미역줄기볶음 달걀말이 배추김치 사과	흑미밥 소고기뭇국 순대떡볶음 고등어구이 깻잎나물 무말랭이무침 배추김치	날치알김치볶음밥 미역된장국 찹쌀튀김 배추김치	기장밥 조랭이떡만둣국 골뱅이무침 오이무침 땅콩조림 절편 배추김치	검은콩밥 닭개장 감자조림 마파두부 임연수구이 취나물 배추김치
흑미밥 육개장 제육볶음 멸치볶음 참나물 배추김치	보리밥 청국장찌개 비빔국수 검은콩조림 미나리나물 식혜 배추김치	비빔밥 약고추장 강된장찌개 열무김치 수박 팥양갱	쑥쌀밥 단배추깻국 매운돼지갈비찜 비름나물 해물부추전 연근조림 배추김치	기장밥 버섯수제비탕 닭찜 열무된장무침 메밀김치전 더덕사과무침 배추김치

6월 추천식단표

월요일	화요일	수요일	목요일	금요일
완두콩밥 채소수프 포크커틀릿 양상추샐러드 총각김치 토마토	율무밥 햄김치찌개 참나물무침 두부채소구이 연근조림 배추김치	짜장밥 프라이드치킨 나박김치 깍두기 수박	메밀밥 돼지등뼈감자탕 코다리간장조림 달걀말이 오이부추무침 쥐어채조림 배추김치 토마토	영양밥과 간장 어묵김칫국 찹쌀치즈볼 김구이 멸치볶음 배추김치 과일주스
기장밥 황태미역국 황기찜닭 애느타리볶음 호두땅콩조림 무나물 배추김치	영양잡곡밥 갈비탕 두부양념구이 고구마튀김 브로콜리숙회 총각김치 수박	잔치국수 시금치컵케이크 비빔만두 요구르트 배추김치	발아현미밥 배추된장국 삼겹살구이 양배추쌈 부추겉절이 상추깻잎쌈 증편 파인애플	보리밥 육개장 고등어조림 감자볶음 비름나물 요거트과일샐러드 배추김치
차조밥 순두부찌개 조기구이 비엔나감자조림 시금치나물 아이스홍시 배추김치	흑미밥 소고기뭇국 해물전 도토리묵나물 깻잎양념무침 가지구이 배추김치	비빔밥 약고추장 미역오이냉국 링도넛 토마토 배추김치	기장밥 카레라이스 오뎅뭇국 달걀장조림 오이생채 배추김치 수박	땅콩밥 닭곰탕 신당동떡볶이 취나물 멸치볶음 배추김치
영양잡곡밥 애호박감자국 두부두루치기 멸치호두볶음 쫄면채소무침 깻잎순나물 배추김치	보리밥 꽃게된장찌개 떡갈비칠리소스 임연수조림 상추무침 우엉조림 배추김치	콩나물비빔밥과 간장 미역된장국 닭꼬치튀김 무생채 열무김치 수박	수수밥 콩나물수제비국 돼지고기볶음 뱅어포구이 감자조림 배추김치 사과	기장밥 소고기버섯국 생선살튀김과 타르타르소스 달걀찜 검은콩호두조림 얼갈이된장무침 배추김치

7월 추천식단표

월요일	화요일	수요일	목요일	금요일
현미밥 북어뭇국 메밀묵무침 쫄면채소무침 새우살두부완자전 배추김치 토마토	영양잡곡밥 콩나물국 소불고기 김자반 애호박전 시래기나물 배추김	열무비빔밥 다시마미역국 치즈스틱 강된장 배추김치 수박	풋콩밥 대구매운탕 고춧잎무침 가지무침 오징어포무침 해물우동볶음 배추김치	보리밥 강된장찌개 고등어조림 더덕생채 스크램블드에그 상추쌈 배추김치
차조밥 닭개장 감자비트전 두부멸치조림 오징어볶음 비름나물 배추김치	흑미밥 소고기감자국 매운돼지갈비찜 삼치구이 멸치볶음 깻잎나물 배추김치 토마토	잔치국수 사과탕수육 배추겉절이 식혜 증편	보리밥 돼지고기비지탕 양파전 오이무침 오징어볶음 배추김치 수박	기장밥 들깨감자탕 코다리강정 꽈리고추찜 연두부와 간장 배추김치 방울토마토
기장밥 감자고추장찌개 어묵채소볶음 김구이 새송이전 미역줄기볶음 배추김치	찹쌀밥 삼계탕 부추겉절이 떡볶음 총각김치 수박	카레라이스 미역오이냉국 비빔만두 자두 깍두기	팥밥 소고기미역국 제육볶음 배추된장무침 잡채 배추김치	현미밥 김치콩나물국 코다리조림 돼지고기강정 어묵조림 무생채 배추김치
현미보리밥 해물찌개 꽈리고추비엔나조림 브로콜리나물 생선전 총각김치	기장밥 사골우거지탕 도라지무침 호박나물 조기구이 깍두기 수박	버섯영양밥 버섯된장국 닭강정 마늘종조림 배추김치 복숭아	차조밥 갈비탕 마파두부 김구이 가지샐러드 배추김치	볶음밥 주꾸미볶음 열무김치 찹쌀치즈볼 배추김치 수박

9월 추천식단표

월요일	화요일	수요일	목요일	금요일
기장밥 닭개장 감자베이컨볶음 우엉조림 도토리묵무침 배추김치 사과	검은콩밥 소고기뭇국 고등어조림 깻잎양념무침 감자샐러드 배추김치 배	잔치국수 닭꼬치양념구이 증편 배추김치	현미밥 해물순두부찌개 조기구이 우엉새송이조림 참나물 배추김치 포도	차조밥 대구매운탕 호두땅콩조림 달걀찜 도라지오이무침 배추김치
보리밥 만두육개장 삼치구이 브로콜리초회 메추리알조림 배추김치	기장밥 바지락미역국 사태채소조림 쫄면채소무침 시금치나물 배추김치 배	날치알김치볶음밥 달걀파국 떡베이컨말이 호박죽 깍두기	흑미밥 불고기낙지전골 잡채 더덕사과무침 두부양념구이 배추김치 귤	현미밥 시래기된장국 편육 상추깻잎쌈 무생채 고구마조림 배추김치
기장밥 소고기뭇국 코다리알감자조림 떡볶음 비름나물 배추김치 사과	기장밥 해물수제비 돼지갈비찜 깻잎순나물 무말랭이무침 배추김치	오징어낙지덮밥 들깨뭇국 감치치즈크로켓 깍두기 사과	차수수밥 단호박꽃게탕 숙주미나리무침 꽈리고추찜 배추김치 거봉	흑미밥 소고기미역국 장어양념구이 늙은호박전 순대채소볶음 배추김치
보리밥 알토란탕 닭찜 삼색나물 느타리맛살적 송편 배추김치	기장밥 해물탕 난자완스 새송이전 오이부추무침 배추김치 배	멸치주먹밥 두부된장국 스파게티 배추김치 거봉	영양밥 부추달걀국 생선커틀릿과 소스 김구이와 간장 멸치채소볶음 깍두기 토마토	보리밥 추어탕 깐풍기 골뱅이소면무침 연근조림 배추김치

10월 추천식단표

월요일	화요일	수요일	목요일	금요일
고구마밥 근대된장국 오리불고기 상추깻잎쌈 다시마채무침 배추김치 파인애플	보리밥 꽃게탕 느타리맛살적 김무침 사태채소조림 배추김치 사과	사과카레라이스 유부된장국 핫윙 과일샐러드 깍두기	팥밥 조갯살미역국 잡채 진미채무침 애호박전 소시지전 배추김치	현미밥 어묵매운탕 닭다리조림 배맛살냉채 멸치조림 배추김치
율무밥 소고기매운국 새우살채소조림 낙지볶음 채소맛살샐러드 배추김치	기장밥 만둣국 쥐포조림 시금치무침 두부전 배추김치	완두콩밥 감자수프 포크커틀릿 파인애플 옥수수콘채소샐러드 깍두기	흑미밥 된장찌개 꽁치김치조림 건새우채소볶음 김구이 총각김치	보리밥 곰탕 새송이버섯조림 오징어볶음 고구마튀김 배추김치
차조밥 북어콩나물국 사태찜 고춧잎무침 표고볶음 배추김치	수수밥 대구지리 곤약콩조림 참나물무침 닭갈비 배추김치 배	짜장밥 두부된장국 땅콩조림 깍두기 사과	현미밥 감자고추장찌개 메추리알멸치조림 오이나물 녹두전 배추김치	기장밥 건새우콩나물국 더덕돈육고추장볶음 무생채 김치전 깍두기
콩밥 소고기뭇국 임연수조림 콩나물무침 메밀묵무침 배추김치 배	보리밥 돈육김치찌개 갈치구이 미역줄기볶음 감자조림 배추김치 사과	짬뽕 단호박죽 단무지 요구르트 배추김치	기장밥 육개장 연근멸치조림 숙주미나리나물 당근달걀찜 배추김치 배	차조밥 버섯수제비 오삼불고기 뱅어포튀김 도라지생채 배추김치

11월 추천식단표

월요일	화요일	수요일	목요일	금요일
영양잡곡밥 콩가루배춧국 소불고기 시금치나물 애기볼어묵조림 배추김치	발아현미밥 감자고추장찌개 조기구이 양송이메추리알조림 깻잎양념무침 배추김치 요구르트	베이컨김치볶음밥 다시마두부된장국 수제핫도그 깍두기	흑미밥 소고기뭇국 해물볶음 호박전 다시마채무침 배추김치	해물찌개 미트볼조림 오이달래무침 지리멸아몬드볶음 배추김치
수수밥 오징어매운탕 배파래무침 마파두부 달걀맛살말이 배추김치	기장밥 새우시금치국 매운돼지갈비찜 더덕생채 버섯피망볶음 배추김치	칼국수 과일팬케이크 깍두기 귤	보리밥 콩비지찌개 탕수육 숙주미나리무침 연근조림 배추김치	메밀밥 감자미역국 오징어무조림 도토리묵무침 우엉잡채 배추김치
차수수밥 된장찌개 가자미무조림 순대곱창볶음 콩나물무침 깍두기	옥수수밥 바지락수제비 소시지볶음 장떡 시금치무침 배추김치 단감	해물짜장밥 바지락콩나물국 찹쌀도넛 방울토마토 배추김치	발아현미밥 조랭이떡국 도라지배무침 부추해물전 코다리강정 배추김치	기장밥 돼지등뼈감자탕 연두부와 간장 고등어카레구이 무말랭이무침 배추김치 배
흑미밥 김치어묵매운탕 멸치볶음 닭찜 버섯장아찌 배추김치	보리밥 건새우아욱국 제육볶음 생미역나물 찹쌀감자전 배추김치	곤드레밥 청국장찌개 부추양념빵 고구마맛탕 깍두기 귤	기장밥 육개장 꽁치조림 무생채 콩김치전 총각김치 키위	고구마밥 순댓국 불고기낙지볶음 얼갈이된장무침 해파리냉채 배추김치 사과

12월 추천식단표

월요일	화요일	수요일	목요일	금요일
발아현미밥 청국장찌개 생선전 꽈리고추비엔나조림 오이무침 배추김치 사과	흑미밥 소고기매운국 달걀파래말이 깐쇼새우 호두참나물무침 배추김치	김주먹밥 두부장국 무말랭이무침 야키우동 고구마튀김 배추김치 귤	잡곡밥 해물탕 돼지고기과일강정 연근조림 시금치맛살무침 배추김치	수수밥 들깨미역국 잡채 고등어구이 더덕생채 배추김치 방울토마토
보리밥 소불고기 감자간장조림 갈치구이 생미역초회 배추김치	기장밥 바지락수제비 두부조림 명태피조림 미역오이초무침 배추김치 사과	카레라이스 굴두부탕 깍두기 마늘빵 과일주스	기장밥 배추된장국 닭불고기 도토리묵과 간장 양배추쌈 감자전 배추김치	검은콩밥 소고기미역국 돼지갈비찜 취나물볶음 수수부꾸미 멸치호두볶음 배추김치
현미보리밥 닭개장 꽈리고추찜 실곤약무침 감자샐러드 배추김치 단감	강낭콩밥 곰탕 골뱅이무침 콩나물무침 깍두기 귤	콩나물비빔밥 달래양념장 홍합탕 치킨샐러드 배추김치	보리밥 대구매운탕 진미채무침 포크촙 깻잎순나물 배추김치	기장밥 들깨순두부찌개 임연수구이 감자볶음 청경채겉절이 배추김치 사과
떡국 생선커틀릿과 복숭아 소스 과일샐러드 배추김치 귤	보리밥 사골우거지탕 오징어볶음 느타리나물 멸치볶음 배추김치	김치볶음밥 동치미 팥죽 귤	기장밥 배추된장국 코다리콩나물찜 비빔만두 해물부추전 배추김치 방울토마토	생채소불고기비빔밥 강된장찌개 단호박케이크 사과 약고추장 배추김치

참고문헌

- 달콤한 브런치 창업 /황은경 외 5인 /백산출판사 /2020.
- 조리사가 꼭 알아야 할 단체급식 /한혜영 외 5인 /백산출판사 /2018.
- 단체급식의 이해 /곽동경 외 12인 /신광출판사 /2017.
- 알기 쉬운 서양조리 /임재창 외 8인 /(주)교문사 /2010.

저자 소개

임재창

- 현) 우송정보대학 겸임교수
  KS외식창업교육연구소 소장
  한국경영실무학회 이사
  한국교육정책개발협회 이사
  (사)한국음식문화조리협회 상임이사
  (사)마스터셰프 한국협회 상임이사
  대전일자리경제진흥원 컨설턴트위원
  육군종합군수학교 병참교육단 강사
- 한밭대학교 창업경영대학원 창업학 석사
- 케이푸드원 책임연구원
- 챌린지컵 대한민국 국제요리경연대회 운영위원장
- 마스터셰프 국제요리경연대회 심사위원
- 한국산업인력관리공단 감독위원
- 대한민국 한식조리명인 17호
- 수상 : 해양수산부장관상, 식품의약품안전처장상, 충청남도도지사상 외 다수

한혜영

- 현) 충북도립대학교 조리제빵과 교수
  어린이급식관리지원센터 센터장
- 세종대학교 조리외식경영학전공 조리학 박사
- 숙명여자대학교 전통식생활문화전공 석사
- 조리기능장
- Le Cordon Bleu(France, Australia) 연수
- The Culinary Institute of America 연수
- Cursos de cocina espanola en sevilla(Spain) 연수
- Italian Culinary Institute For Foreigner 연수
- 떡제조기능사, 조리산업기사, 조리기능장 출제위원 및 심사위원
- 한국외식산업학회 이사
- KBS 비타민, 위기탈출넘버원, SBS 모닝와이드, MBC 생방송 오늘아침 등 출연
- 한혜영 교수의 재미있고 맛있는 음식이야기, CJB 라디오 청주방송
- 수상 : 농림축산식품부장관상, 식약처장상, 해양수산부장관상, 산림청장상, 대전지방식품의약품안전청장상, 충북도지사상

황은경

- 현) 경북전문대학교 호텔조리제빵과 교수
  경북농민사관학교 한식디저트상품화과정 책임교수
  미래농산업융합CEO과정 책임교수
  한식학당 대표이사
  한국사찰음식문화협회 운영위원장/ 연구소장
  경상북도 정책위원/ 농식품유통혁신위원
- 경남대학교 경영학 박사
- 대구한의대학교 이학 박사
- 문화관광부 포럼위원
- 식품산업본부음식관광발전대책위원
- 경북농어업자유무역협정대책 특별위원
- 제1, 2회 대한민국산채박람회 운영위원장
- 소상공인진흥공단 비법전수가
- 소상공인진흥공단 경영컨설턴트
- 경북농민사관학교 발효가공식품개발과정 책임교수
- 제29호 대한민국조리명인[(사)한국음식관광협회]
- 2010 국제미식양생약선명사(세계중화미식협회)
- 2011 한국국가대표[(사)한국조리사중앙회]

박동연

- 현) 터키 조리사연맹 한국지회장
  동유럽 루마니아 조리사연맹 한국지회장
- (사)한국음식조리문화협회장
- 대한민국 한식조리명인
- 생활의 달인 심사위원
- 호서대학교 교수
- 글로벌 조리사관학교 수석교수
- 대전국제요리대회(WACS) 심사위원
- 동유럽 루마니아 국제요리대회(WACS) 심사위원
- 몽골 칭기즈칸 국제요리대회(WACS) 심사위원
- 터키 이스탄불 국제요리대회(WACS) 심사위원
- WACS CULINARY ART JUDGES SEMINARS
- 수상 : 몰디브 국제요리대회 금메달
  서울국제요리대회 금메달 외 다수

저자와의
합의하에
인지첩부
생략

단체급식 실무

2022년 3월 25일 초판 1쇄 인쇄
2022년 3월 30일 초판 1쇄 발행

지은이 임재창·한혜영·황은경·박동연
펴낸이 진욱상
펴낸곳 (주)백산출판사
교 정 성인숙
본문디자인 신화정
표지디자인 오정은

등 록 2017년 5월 29일 제406-2017-000058호
주 소 경기도 파주시 회동길 370(백산빌딩 3층)
전 화 02-914-1621(代)
팩 스 031-955-9911
이메일 edit@ibaeksan.kr
홈페이지 www.ibaeksan.kr

ISBN 979-11-6567-510-3 93590
값 29,000원